Aviso legal

Saage Media GmbH
c/o SpinLab – The HHL Accelerator
Spinnereistraße 7
04179 Leipzig, Germany
E-Mail: contact@SaageMedia.com
Web: www.SaageMedia.com
Commercial Register: Local Court Leipzig, HRB 42755 (Handelsregister: Amtsgericht Leipzig, HRB 42755)
Managing Director: Rico Saage (Geschäftsführer)
VAT ID Number: DE369527893 (USt-IdNr.)

Editorial: Saage Media GmbH
Publicación: 02.2025
Diseño de portada: Saage Media GmbH
ISBN Tapa blanda (es): 978-3-384-52467-6
ISBN Ebook (es): 978-3-384-52468-3

Legal / Avisos

Los enlaces externos y las referencias a fuentes enumerados en este libro fueron verificados al momento de la publicación. El autor no tiene influencia sobre los diseños y contenidos actuales y futuros de las páginas vinculadas. El proveedor del sitio web vinculado es el único responsable de los contenidos ilegales, incorrectos o incompletos, así como de los daños que surjan del uso o no uso de la información, no quien hace referencia a la publicación respectiva a través de enlaces. Todas las fuentes externas utilizadas se enumeran en la bibliografía. A pesar del cuidadoso control del contenido, no asumimos ninguna responsabilidad por el contenido de fuentes externas. Los operadores de las fuentes citadas son los únicos responsables de su contenido. Las imágenes y fuentes de terceros están marcadas como tales. La reproducción, procesamiento, distribución y cualquier tipo de explotación fuera de los límites de los derechos de autor requieren el consentimiento por escrito del autor o creador respectivo.
Este libro ha sido traducido del alemán. No se pueden descartar completamente las desviaciones del original o los errores de traducción. Todas las fuentes citadas en el libro están disponibles en inglés. No asumimos ninguna responsabilidad por inexactitudes o malentendidos de contenido que puedan surgir por la traducción.
Los datos de los diagramas que no están marcados explícitamente con una fuente no se basan en estudios, sino que son suposiciones no vinculantes para una mejor visualización.
Este libro fue creado utilizando Inteligencia Artificial (IA) y otras herramientas. Entre otras cosas, se utilizaron herramientas para la investigación, la escritura/edición y la generación de ilustraciones decorativas. A pesar del control, no se pueden descartar completamente los errores. Nos gustaría enfatizar que el uso de la IA sirve como herramienta de apoyo para proporcionar a nuestros lectores una experiencia de lectura de alta calidad e inspiradora.

Bendis Saage

Descubre el Universo: Atlas del Espacio y Astronomía Práctica

Una guía completa del cosmos, el cielo nocturno y el espacio exterior para observadores principiantes y avanzados

32 Fuentes
44 Diagramas
75 Imágenes
7 Ilustraciones

Queridos lectores,

les agradecemos de corazón que hayan elegido este libro. Con su elección, no solo nos han brindado su confianza, sino también parte de su valioso tiempo. Lo apreciamos mucho.

El fascinante cielo nocturno siempre ha despertado la curiosidad del ser humano. Pero, ¿cómo orientarse en la aparentemente infinita vastedad del universo? Este manual práctico guía sistemáticamente a través de los fundamentos de la astronomía aficionada: desde la selección del telescopio adecuado hasta la navegación por el cielo estrellado y la observación de galaxias distantes. Con instrucciones precisas, mapas estelares detallados y consejos de observación probados en la práctica, hace accesible la exploración del cosmos. Los lectores aprenderán a identificar objetos celestes de manera segura, documentar fenómenos astronómicos y utilizar eficazmente las herramientas digitales más modernas. Se pone un enfoque especial en el desarrollo gradual de habilidades de observación prácticas. Un compañero confiable para todos aquellos que deseen aprender más sobre nuestro fascinante universo y explorar el cielo nocturno de manera independiente. ¡Comience hoy mismo su viaje personal hacia las estrellas!

Esta guía le proporciona información comprensible y práctica sobre un tema complejo. Gracias a herramientas digitales desarrolladas internamente que también utilizan redes neuronales, pudimos realizar investigaciones exhaustivas. El contenido se ha estructurado de manera óptima y desarrollado hasta la versión final para proporcionarle una visión general bien fundamentada y de fácil acceso. El resultado: obtiene una visión integral y se beneficia de explicaciones claras y ejemplos ilustrativos. El diseño visual también se ha optimizado mediante este método avanzado para que pueda captar y utilizar la información rápidamente.

Nos esforzamos por la máxima precisión, pero agradecemos cualquier indicación de posibles errores. Visite nuestro sitio web para encontrar las últimas correcciones y adiciones a este libro. Estas también se incorporarán en futuras ediciones.

¡Esperamos que disfrute leyendo y descubriendo cosas nuevas! Si tiene sugerencias, críticas o preguntas, esperamos sus comentarios. Solo mediante el intercambio activo con ustedes, los lectores, las futuras ediciones y obras podrán ser aún mejores. ¡Manténgase curioso!

Bendis Saage

Saage Media GmbH - Equipo

- www.SaageBooks.com/es
- support@saagemedia.com
- Spinnereistraße 7 - c/o SpinLab – The HHL Accelerator, 04179 Leipzig, Germany

Acceso rápido al conocimiento

Para garantizar una experiencia de lectura óptima, nos gustaría familiarizarle con las características principales de este libro:

- **Estructura Modular:** Cada capítulo es independiente y puede leerse sin depender de los demás.
- **Investigación Exhaustiva:** Todos los capítulos se basan en una investigación exhaustiva y están respaldados por referencias científicas. Los datos mostrados en los diagramas sirven para una mejor visualización y se basan en suposiciones, no en los datos proporcionados en las fuentes. Una lista completa de fuentes y créditos de imágenes se encuentra en el apéndice.
- **Terminología Clara:** Los términos técnicos subrayados se explican en el glosario.
- **Resúmenes de Capítulos:** Al final de cada capítulo, encontrará resúmenes concisos que le dan una visión general de los puntos clave.
- **Recomendaciones Concretas:** Cada subcapítulo concluye con una lista de consejos específicos para ayudarle a poner en práctica lo aprendido.

Materiales adicionales de bonificación en nuestro sitio web

En nuestro sitio web, planeamos poner a su disposición los siguientes materiales exclusivos:

- Contenido adicional y capítulos extra
- Un resumen general compacto
- Una versión de radioteatro. (En planificación)

El sitio web está actualmente en construcción.

www.SaageBooks.com/es/descubre_el_universo-bonus-K957UD

Índice

- 1. Fundamentos de la Astronomía
  - 1. 1 Técnicas de Observación
    - Tipos de Telescopios y sus Funciones
    - Astronomía con Binoculares para Principiantes
    - Lugares Óptimos de Observación
  - 1. 2 Orientación en el Cielo Nocturno
    - Determinar las Direcciones Celestes
    - Reconocer Constelaciones
    - Cartografiar el Firmamento
  - 1. 3 Herramientas Astronómicas
    - Comprender las Cartas Estelares
    - Ayudas Digitales para la Navegación
    - Equipo de Documentación

- 2. Nuestro Sistema Solar
  - 2. 1 Observar Planetas
    - Mercurio a Marte
    - Júpiter a Saturno
    - Urano y Neptuno
  - 2. 2 Descubrir Cuerpos Menores
    - Localizar Asteroides
    - Seguir Cometas
    - Observar Lluvias de Meteoros
  - 2. 3 Explorar el Sol
    - Documentar la Actividad Solar
    - Observar Eclipses Solares
    - Detectar Protuberancias

- 3. Espacio Profundo
  - 3. 1 Observar Galaxias
    - Explorar la Vía Láctea
    - Captar Andrómeda
    - Identificar Cúmulos de Galaxias
  - 3. 2 Documentar Nebulosas
    - Rastrear Nebulosas de Emisión
    - Encontrar Nebulosas Planetarias
    - Detectar Nebulosas de Reflexión
  - 3. 3 Analizar Cúmulos Estelares
    - Cartografiar Cúmulos Estelares Abiertos
    - Captar Cúmulos Globulares
    - Observar Estrellas Múltiples

- 4. Fenómenos Astrofísicos
  - 4. 1 Comprender el Espacio-Tiempo
    - Observar los Efectos de la Gravedad
    - Detectar Agujeros Negros
    - Analizar la Distribución de la Materia
  - 4. 2 Radiación Cósmica
    - Localizar Fuentes de Radiación
    - Reconocer Patrones de Energía
    - Medir Flujos de Partículas
  - 4. 3 Estructuras del Universo
    - Detectar Materia Oscura
    - Captar Teóricamente los Universos Paralelos

- 5. Viajes Espaciales y Cosmos
  - 5. 1 Observar Estaciones Espaciales
    - Calcular Tiempos de Sobreuelo
    - Seguir Trayectorias de Movimiento
    - Crear Documentación Fotográfica
  - 5. 2 Utilizar el Atlas Espacial
    - Aplicar Sistemas de Coordenadas
    - Catalogar Objetos Celestes
    - Llevar Registros de Observación
  - 5. 3 Explorar el Infinito
    - Medir los Efectos de la Expansión
    - Detectar la Curvatura del Espacio
    - Visualizar Dimensiones
- Fuentes
- Fuentes de imágenes

1. Fundamentos de la Astronomía

Quien mira al cielo en una noche clara ve más que solo puntos brillantes en la oscuridad. La observación sistemática del cielo nocturno abre una fascinante ventana a mundos lejanos y fenómenos cósmicos. Desde la simple contemplación del cielo a simple vista hasta el uso de telescopios modernos, el arte de la observación astronómica ha evolucionado constantemente. Este capítulo proporciona las herramientas básicas para la exploración independiente del universo. Con este conocimiento, la mirada nocturna hacia arriba se transforma en un viaje de descubrimiento a través del espacio y el tiempo.

1. 1 Técnicas de Observación

Las observaciones exitosas del cielo requieren más que un buen telescopio o binoculares. La elección del lugar adecuado y la aplicación de técnicas de observación efectivas son fundamentales para aprovechar al máximo su equipo. La contaminación lumínica, las perturbaciones atmosféricas y las formas del terreno desfavorables pueden afectar significativamente la visibilidad de los objetos celestes. Esta sección aborda los desafíos y le muestra cómo superarlos para obtener fascinantes perspectivas del universo. Prepárese para optimizar sus observaciones astronómicas y experimentar las maravillas del cielo nocturno en toda su esplendor.

La combinación de baja contaminación lumínica, condiciones atmosféricas tranquilas y una vista del horizonte despejada maximiza el éxito de la observación.

Tipos de telescopios y sus funciones

Los telescopios amplían nuestra percepción del universo al recoger y concentrar la luz de objetos distantes. Los dos tipos principales, refractores y reflectores, se diferencian en su funcionamiento. Los refractores utilizan lentes para refractar la luz y concentrarla en un punto focal. Al igual que una lupa concentra la luz solar, la lente objetiva de un refractor enfoca la luz de las estrellas. Los reflectores, en cambio, utilizan espejos. Un espejo cóncavo, el espejo principal, captura la luz y la refleja hacia un espejo secundario más pequeño, que luego dirige la luz hacia el ocular. La elección del tipo de telescopio depende de varios factores, como el objeto de observación y el presupuesto. Para observar planetas y la luna, los refractores son adecuados debido a su excelente capacidad de imagen. Sin embargo, si desea observar objetos de cielo profundo, como galaxias o nebulosas, un reflector con una mayor apertura es la mejor opción, ya que recoge más luz. Además de estos dos tipos principales, existen otras variantes, como el telescopio catadióptrico. Estos telescopios combinan lentes y espejos para lograr un diseño compacto con una alta distancia focal. Un ejemplo son los telescopios Schmidt-Cassegrain, que son frecuentemente utilizados por astrónomos aficionados, ya que son portátiles y ofrecen un buen rendimiento. Un factor importante para la capacidad de un telescopio es el diámetro de la apertura: cuanto mayor sea la apertura, más luz recogerá el telescopio y más objetos débiles serán visibles. La apertura se mide en milímetros o pulgadas. Un telescopio con 200 mm de apertura recoge significativamente más luz que uno con 100 mm, lo que permite observar estrellas y galaxias más débiles. La ampliación de un telescopio se determina por la relación entre la distancia focal del telescopio y la del ocular. Al cambiar el ocular, se puede ajustar la ampliación. Una alta ampliación no siempre es ventajosa, ya que puede oscurecer y desenfocar la imagen, especialmente en condiciones de mala visibilidad. Por lo tanto, al comprar un telescopio, no solo debe considerar la ampliación máxima, sino también la calidad de la óptica y la estabilidad del montaje. Un montaje estable es esencial para garantizar una imagen sin vibraciones, especialmente a altas ampliaciones. Existen diferentes tipos de montajes, como el montaje altazimutal, que se puede mover horizontal y verticalmente, y el montaje ecuatorial, que se alinea con el polo celeste y puede compensar la rotación aparente del cielo. La elección del montaje depende del tipo de observación y de las preferencias personales. La capacidad de un telescopio también se ve afectada por las condiciones atmosféricas. Las turbulencias en la atmósfera pueden hacer que la imagen aparezca borrosa, un fenómeno conocido como seeing. Un lugar con baja contaminación lumínica y aire tranquilo mejora significativamente las condiciones de observación. Si observa desde un área urbana, puede reducir los efectos de la contaminación lumínica utilizando filtros. Estos filtros bloquean ciertas longitudes de onda de luz provenientes de fuentes de luz artificial y permiten que pase la luz de las estrellas. Por lo tanto, la selección del telescopio adecuado depende de varios factores, incluidos los objetos de observación deseados, el presupuesto y las condiciones de observación. Infórmese a fondo sobre los diferentes tipos de telescopios y sus ventajas y desventajas antes de realizar una compra. Si es posible, visite un observatorio o un club de astronomía para probar diferentes telescopios y recibir asesoramiento de astrónomos aficionados experimentados. Un telescopio con una mayor apertura recoge más luz y permite observar objetos más débiles. La elección del montaje influye en la estabilidad y la facilidad de uso del telescopio.

Bueno saber

Contaminación lumínica

La contaminación lumínica se produce por la luz artificial y afecta la visibilidad de los objetos celestes. Los lugares oscuros alejados de las ciudades ofrecen mejores condiciones de observación.

Montaje altazimutal

Un montaje altazimutal permite movimientos horizontales y verticales del telescopio. Es fácil de usar, pero menos adecuado para observaciones prolongadas o astrofotografía.

Montaje ecuatorial

Un montaje ecuatorial está alineado con el polo celeste y puede compensar la rotación de la Tierra. Esto permite un seguimiento fácil de los objetos celestes y es ideal para la astrofotografía.

Objetos de cielo profundo

Los objetos de cielo profundo son objetos celestes fuera de nuestro sistema solar, como galaxias, nebulosas y cúmulos estelares. A menudo son débiles y requieren telescopios con mayor apertura para su observación.

Telescopio catadióptrico

Los telescopios catadióptricos, como los sistemas Schmidt-Cassegrain, combinan lentes y espejos. Ofrecen un diseño compacto y una alta distancia focal, lo que los hace ideales para la astrofotografía.

Comparación de la intensidad de la luz

Comparación de la capacidad de captación de luz

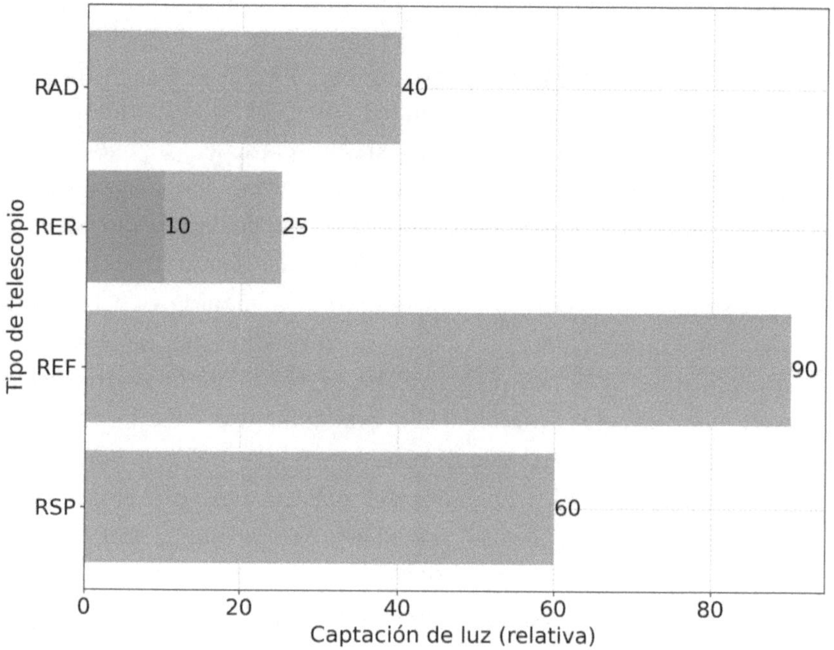

RAD: Radiotelescopio

RER: Reflector (espejo) (grande)

REF: Refractor (lente) (pequeño)

RSP: Reflector (espejo) (pequeño)

El diagrama de barras horizontal ilustra la capacidad de captación de luz relativa de diferentes tipos de telescopios. Los telescopios reflectores, especialmente los grandes, muestran un rendimiento significativamente mayor que los telescopios refractores de tamaño comparable. Esto se debe a la mayor apertura posible de los telescopios reflectores. Los radiotelescopios también recogen radiación electromagnética, pero en el rango de ondas de radio, y su "capacidad de captación de luz" debe interpretarse de manera diferente y, por lo tanto, no es directamente comparable.

Astronomía con binoculares para principiantes

Los binoculares ofrecen una excelente introducción a la observación del cielo, sin la complejidad y el costo de un telescopio. Con un modelo simple, se pueden descubrir detalles fascinantes en el cielo nocturno. La elección del binocular adecuado depende de factores como la magnificación, el diámetro del objetivo y el peso. Estos tres valores suelen estar indicados en el binocular, por ejemplo, como 7x50. El primer número (7) representa la magnificación de siete veces, el segundo (50) el diámetro de las lentes del objetivo en milímetros. Un mayor diámetro del objetivo significa más entrada de luz y, por lo tanto, imágenes más brillantes, especialmente útil para observar objetos débiles como cúmulos estelares o nebulosas. Sin embargo, a medida que aumenta el diámetro, también lo hace el peso, lo que dificulta su manejo sin trípode. Para observaciones prolongadas, se recomienda un trípode para garantizar una imagen estable. Un binocular de 10x50 ofrece una mayor magnificación, pero puede resultar en una imagen borrosa si se sostiene a mano. El brillo aparente de una estrella se indica mediante su magnitud. Cuanto menor sea este valor, más brillante será la estrella. Con un binocular, se pueden observar estrellas que no son visibles a simple vista. La nebulosa de Orión, una nebulosa de emisión en la constelación de Orión, es un ejemplo impresionante de un objeto que se puede observar bien con binoculares. Aparece como una mancha borrosa, en la que en buenas condiciones incluso se pueden reconocer estructuras. También los cúmulos estelares abiertos, es decir, agrupaciones sueltas de estrellas, ofrecen una hermosa vista a través de binoculares. Las Pléyades, también conocidas como el Siete Hermanos, son un cúmulo estelar que ya se puede ver bien a simple vista, pero que despliega su verdadera grandeza a través de binoculares. Las estrellas individuales del cúmulo se vuelven claramente visibles y ofrecen un panorama centelleante. Para encontrar objetos celestes más fácilmente, utilice mapas estelares o aplicaciones de astronomía. Estas le ayudarán a orientarse en el cielo nocturno y a determinar la posición de planetas, constelaciones y otros objetos interesantes. El movimiento aparente del firmamento debido a la rotación de la Tierra requiere un seguimiento del binocular, especialmente a mayores aumentos. Un mapa estelar giratorio, que se puede ajustar a la fecha y hora, es una herramienta útil para la orientación. Muestra la sección actual del cielo y facilita la localización de objetos. Además de los mapas estelares, las aplicaciones de astronomía para smartphones y tabletas ofrecen funciones adicionales como realidad aumentada. Estas aplicaciones superponen la imagen de la cámara con información sobre los objetos celestes visibles, simplemente apuntando su smartphone hacia el cielo. A menudo también ofrecen información detallada sobre los objetos, su historia y sus características. Así, puede aprender más sobre los objetos observados durante la observación. Al usar aplicaciones, preste atención a un modo nocturno con iluminación roja para mantener su adaptación a la oscuridad. La adaptación de los ojos a la oscuridad dura aproximadamente 20 minutos y permite percibir significativamente más estrellas y detalles. Las fuentes de luz blanca brillantes interrumpen esta adaptación y reducen la visibilidad. La elección del lugar de observación influye en la calidad de la observación del cielo. Los lugares con baja lichtverschmutzung, alejados de áreas urbanas, ofrecen las mejores condiciones. Aquí, el fondo del cielo es más oscuro, lo que hace que los objetos débiles sean más visibles. También las condiciones atmosféricas, como la humedad y la inestabilidad del aire, afectan la visibilidad. Noches claras y secas con aire tranquilo ofrecen las mejores condiciones para observaciones detalladas. Infórmese sobre el pronóstico del tiempo y la fase lunar. Una luna brillante puede interferir con la observación de objetos débiles. Por lo tanto, elija noches con luna nueva o menguante para la observación de objetos de cielo profundo siempre que sea posible. Los binoculares son instrumentos versátiles para la astronomía y ofrecen una buena introducción al mundo de la observación del cielo. Con algo de práctica y las herramientas adecuadas, puede obtener fascinantes

vislumbres del universo. Desde la observación detallada de la luna hasta la observación de planetas y objetos de cielo profundo Deep-Sky, los binoculares abren un amplio espectro de posibilidades de observación. La combinación de facilidad de uso, movilidad y precio asequible los convierte en compañeros ideales para todos aquellos que deseen explorar el cielo nocturno.

Objetos de cielo profundo [i1]

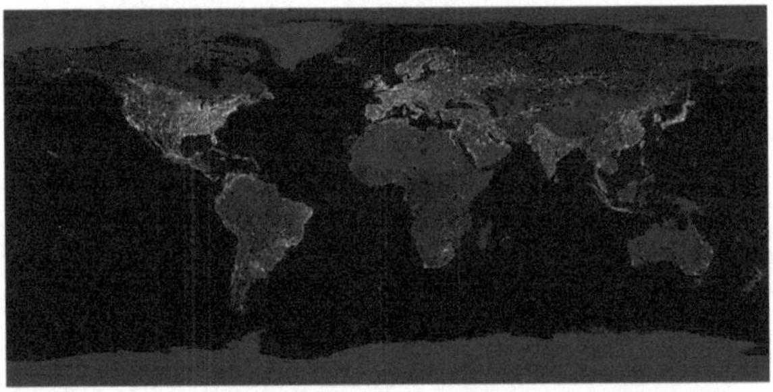

Contaminación lumínica [i2]

Cúmulo abierto [i3]

Cúmulos estelares abiertos

Los cúmulos estelares abiertos son grupos de estrellas que están débilmente unidos entre sí por la gravedad. Se forman a partir de la misma nube de gas y a menudo contienen cientos o miles de estrellas. A diferencia de los cúmulos globulares, están menos densamente empaquetados y generalmente se encuentran en los brazos espirales de las galaxias.

Objetos de cielo profundo

Los objetos de cielo profundo son objetos celestes fuera de nuestro sistema solar, como galaxias, nebulosas y cúmulos estelares. A menudo son débiles y requieren condiciones de observación oscuras y, en su caso, ayudas ópticas como binoculares o telescopios.

Nebulosas de emisión

Las nebulosas de emisión son nubes de gas que se iluminan debido a la radiación de estrellas cercanas. La radiación energética ioniza el gas, que luego emite luz en diferentes longitudes de onda al regresar a un estado de energía más bajo, creando los colores vibrantes que podemos observar.

Realidad aumentada

La realidad aumentada es una tecnología que superpone el mundo real con información generada por computadora. En astronomía, se puede utilizar para mostrar mapas estelares e información sobre objetos celestes directamente en el campo de visión del observador.

Objetivos de observación astronómica con binoculares para principiantes

Distribución de objetos celestes adecuados para la astronomía binocular para principiantes.

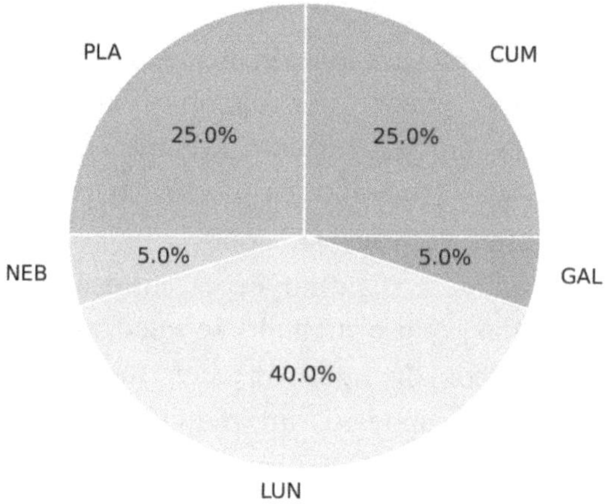

CUM: Cúmulos Estelares (por ejemplo, Pléyades, Híades)

LUN: La Luna

PLA: Planetas (Venus, Marte, Júpiter, Saturno)

GAL: Galaxias (por ejemplo, Galaxia de Andrómeda)

NEB: Nebulosas (por ejemplo, Nebulosa de Orión)

La Luna domina como objetivo debido a su brillo y visibilidad de detalles, seguida de cúmulos estelares y planetas brillantes que ofrecen vistas gratificantes para principiantes con binoculares. Si bien las nebulosas y las galaxias son visibles, su tenue luz las convierte en objetivos iniciales menos ideales con binoculares. Esta distribución sugiere centrarse en la Luna, los planetas y los cúmulos estelares para las primeras experiencias de astronomía con binoculares.

Lugares óptimos de observación

La elección del lugar de observación influye significativamente en el éxito de la observación del cielo. Tres factores son decisivos: lichtverschmutzung, condiciones atmosféricas y la forma del terreno. La luz ambiental urbana sobrepasa los objetos celestes de baja luminosidad y reduce el contraste. Por lo tanto, busque lugares alejados de asentamientos para obtener un fondo de cielo lo más oscuro posible. Sitios web y aplicaciones ofrecen mapas de contaminación lumínica que ayudan en la búsqueda de ubicaciones. Un mapa de este tipo puede, por ejemplo, guiarle a un lugar de observación adecuado en su región. Además de la contaminación lumínica, las condiciones atmosféricas juegan un papel importante. Las turbulencias en el aire, lo que se conoce como seeing, causan un parpadeo de las estrellas y disminuyen la nitidez de la imagen. Las masas de aire tranquilas, que a menudo se encuentran en altitudes más elevadas y sobre cuerpos de agua, ofrecen mejores condiciones. Un cielo despejado es, por supuesto, un requisito previo para cualquier observación del cielo. Infórmese sobre el pronóstico del tiempo para aprovechar las noches claras. También la forma del terreno del lugar de observación es relevante. Un horizonte despejado sin árboles o edificios molestos permite una vista sin obstáculos del cielo. Las laderas de las montañas o las elevaciones pueden ser ventajosas en este sentido. La combinación de estos tres factores: baja contaminación lumínica, condiciones atmosféricas tranquilas y vista libre del horizonte, aumenta la probabilidad de una observación exitosa. El análisis de datos multi-temporales, similar a lo que se utiliza en arqueología para mejorar la visibilidad de características [s1], también podría ser utilizado en astronomía para optimizar la elección del lugar. Al combinar datos sobre contaminación lumínica, seeing y clima durante un período prolongado, se podrían identificar condiciones de observación especialmente favorables.

Bueno saber

Datos multi-temporales

Datos que capturan el mismo lugar en diferentes momentos y hacen visibles los cambios a lo largo del tiempo. En astronomía, se pueden utilizar datos multi-temporales para analizar, por ejemplo, la contaminación lumínica o el seeing durante un período prolongado y así identificar condiciones óptimas de observación.

Extinción atmosférica vs. Altitud

Correlación entre la altitud de observación y la extinción atmosférica.

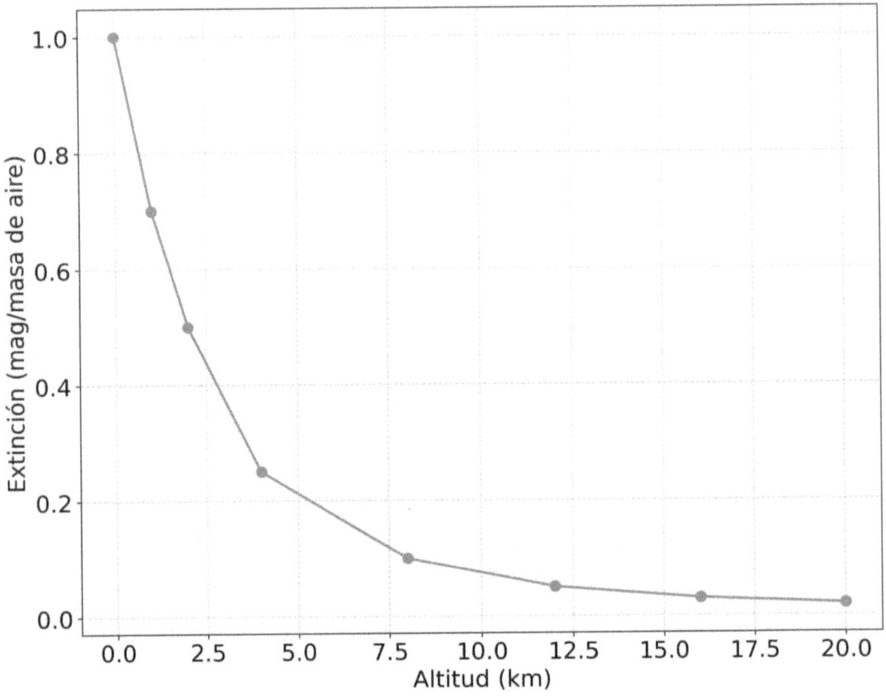

Las altitudes más elevadas reducen significativamente la interferencia atmosférica, lo que lleva a una mejor visibilidad y observaciones celestes más claras. El efecto decreciente se vuelve menos pronunciado por encima de cierta altitud, lo que sugiere un punto de rendimientos decrecientes para los observatorios terrestres.

Consejos concretos

- Realice un seguimiento del movimiento del sol durante varios días y anote su posición a horas establecidas.
- Construya un reloj de sol simple y compare su medición del tiempo con un reloj convencional.
- Documente las fases de la luna durante un mes, dibujando o fotografiando la parte visible de la luna.
- Observe las diferencias de brillo entre las estrellas y trate de clasificarlas en niveles de brillo.
- Compare la visibilidad de las estrellas en la ciudad y en el campo para reconocer el impacto de la contaminación lumínica.
- Utilice unos binoculares para identificar constelaciones y esbozar su forma.
- Busque observatorios de acceso público o clubes de astronomía en su área y participe en noches de observación.
- Experimente con diferentes filtros en su telescopio o binoculares y observe sus efectos en la visibilidad de los objetos celestes.
- Cree un registro de observación en el que anote la fecha, hora, lugar de observación, instrumento y objetos vistos.
- Fotografíe el cielo nocturno con una exposición prolongada para capturar el movimiento de las estrellas.
- Siga la trayectoria de un planeta durante varias semanas y registre su posición en relación con las estrellas.
- Determine la dirección cardinal utilizando la estrella polar y verifique sus resultados con una brújula.
- Construya un modelo simple del sistema solar para ilustrar las proporciones y distancias de los planetas.

1. 2 Orientación en el Cielo Nocturno

La orientación en el cielo nocturno es esencial para la observación astronómica y permite una comprensión más profunda del cosmos. Incluye la determinación de las direcciones cardinales, el reconocimiento de constelaciones y la localización precisa de objetos celestes. Sin embargo, las influencias atmosféricas y el movimiento aparente de las estrellas representan desafíos. Este capítulo proporciona las bases para superar estos retos y orientarse en el mar estrellado de la noche. Descubra las fascinantes posibilidades de navegación más allá de los hitos terrenales.

La altura de la Estrella Polar sobre el horizonte corresponde a la latitud geográfica del observador.

Determinar las direcciones cardinales

La determinación de las direcciones cardinales es posible durante el día utilizando el sol. El sol se mueve de este a oeste, alcanzando su punto más alto al mediodía en el sur (en el hemisferio norte) [s2]. Este punto se puede utilizar para determinar la dirección norte. Un palo clavado verticalmente en el suelo proyecta una sombra a lo largo del día, cuya longitud más corta se alcanza al mediodía y apunta hacia el norte [s2]. Se puede comparar esto con un gnomon, que se utilizaba anteriormente para la navegación [s2].

Por la noche, la Vía Láctea (MW) ofrece una forma de orientación. Se extiende como una banda brillante a través del cielo y presenta un gradiente de intensidad luminosa [s3]. Este gradiente va de norte a sur, de modo que al comparar la intensidad de la luz en diferentes áreas de la Vía Láctea se puede lograr una orientación aproximada de norte a sur [s3]. Al igual que los escarabajos peloteros nocturnos, que utilizan la Vía Láctea para orientarse, los humanos también pueden usar este cuerpo celeste como un punto de referencia a corto plazo [s3]. Sin embargo, la Vía Láctea no actúa como una brújula precisa, sino que indica una dirección general [s3]. Además, las estrellas pueden ser utilizadas para determinar las direcciones cardinales y la propia posición. Con un instrumento de medición de ángulos, se puede determinar el ángulo entre una estrella y el horizonte [s4]. En combinación con el conocimiento de la hora actual y la fecha, se puede calcular la posición. Anteriormente, este método era especialmente importante para la navegación en el mar [s4]. Las técnicas modernas de seguimiento estelar logran altas precisiones, pero se ven afectadas por influencias atmosféricas [s4]. Es importante tener en cuenta que la posición

Vía Láctea [i4]

aparente de las estrellas puede ser influenciada por efectos atmosféricos [s4]. La altura de una estrella sobre el horizonte proporciona una llamada 'línea de posición' [s5]. Si se miden los ángulos de elevación de varias estrellas, las líneas de posición resultantes se cruzan en la ubicación del observador [s5]. Este método, combinado con tecnologías modernas como el sistema de referencia de actitud y rumbo (AHRS), permite la determinación de la posición incluso sin GPS [s5]. A través de una rotación completa en la dirección de la brújula y el promediado de los datos de posición, se pueden compensar las imprecisiones en el sistema [s5].

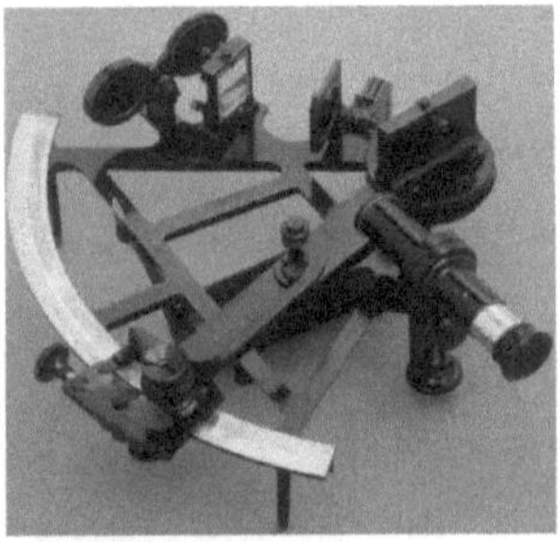

Sextante [i5]

Reloj de sol [i6]

Bueno saber

Sistema de referencia de actitud y rumbo

AHRS (Sistema de Referencia de Actitud y Rumbo) son sistemas que proporcionan información sobre la orientación y el movimiento de un objeto en el espacio. Combinan sensores como giroscopios, acelerómetros y magnetómetros para obtener datos precisos sobre la actitud, rumbo y velocidad de rotación. En el contexto de la astronomía, los sistemas AHRS pueden ser utilizados en telescopios para asegurar la alineación precisa con los objetos celestes y compensar los efectos de movimientos y vibraciones.

Vía Láctea

La Vía Láctea es nuestra galaxia natal, una colección espiral de miles de millones de estrellas, gas y polvo. En noches claras y oscuras, aparece como una banda brillante en el cielo.

Métodos de Orientación Nocturna

Distribución de las técnicas de navegación celestial.

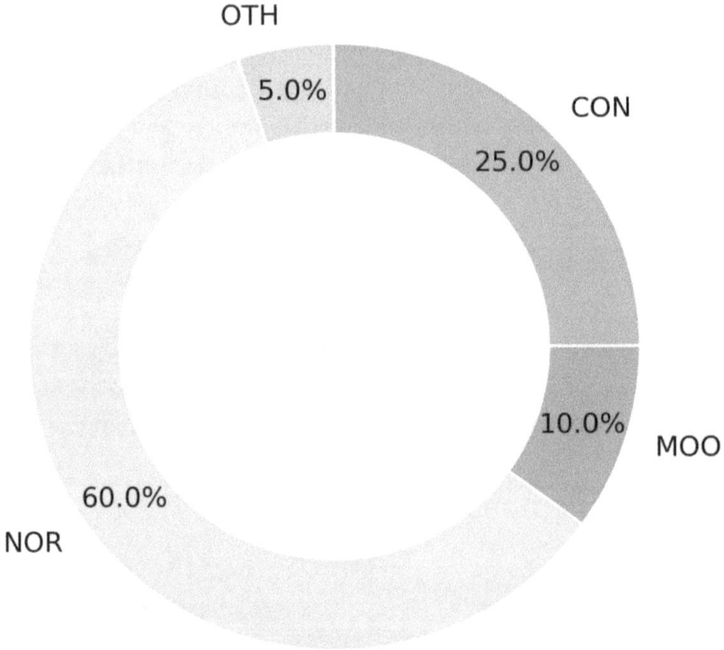

CON: Constelaciones

NOR: Estrella Polar

MOO: Posición Lunar

OTH: Otros Métodos (ej. Cruz del Sur, dispositivos electrónicos)

El método de la Estrella Polar se utiliza predominantemente para la orientación, destacando su fiabilidad y facilidad de uso. Si bien otros métodos como el reconocimiento de constelaciones y la posición de la Luna ofrecen enfoques suplementarios, se emplean con menos frecuencia, posiblemente debido a que requieren conocimientos más avanzados o a que ofrecen menor precisión.

Reconocer constelaciones

Las constelaciones ofrecen un método confiable para la orientación en el cielo nocturno. Están compuestas por un grupo de estrellas que forman patrones aparentemente fijos y se mueven juntas por el cielo debido a la rotación de la Tierra [s6]. Este movimiento va de este a oeste, similar a la trayectoria del sol, aunque la ruta exacta varía según la latitud geográfica del observador y la estación del año [s6]. Para identificar una constelación, es útil localizar primero constelaciones conocidas como la Gran Carro. A partir del Gran Carro, se puede navegar hacia otras constelaciones mediante líneas imaginarias. Las dos estrellas traseras de la "forma de caja" del Gran Carro apuntan hacia la Estrella Polar, que se encuentra en el extremo norte del eje terrestre. La Estrella Polar es parte del Pequeño Carro y marca la dirección norte. Conocer la posición de la Estrella Polar facilita la determinación de las otras direcciones cardinales. Un consejo práctico para la orientación mediante constelaciones es el uso de un mapa estelar giratorio. Estos mapas muestran el cielo estrellado visible para un momento y una latitud geográfica específicos. Al girar el mapa, se puede ajustar la sección del cielo actual, lo que simplifica enormemente la identificación de constelaciones. Además de los mapas estelares impresos, también hay numerosas aplicaciones para teléfonos inteligentes y tabletas que muestran el cielo estrellado en tiempo real y ayudan en la identificación de cuerpos celestes. Así, las constelaciones se pueden encontrar rápida y fácilmente en el cielo nocturno, incluso sin conocimientos previos. La capacidad de reconocer constelaciones y entender sus patrones de movimiento no solo mejora la orientación en el cielo nocturno, sino que también permite una comprensión más profunda de la mecánica celeste y de la relación entre la Tierra y el cosmos.

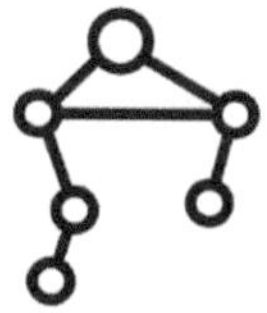

Bueno saber

Gran Carro

El Gran Carro es una constelación prominente en el cielo del norte y forma parte de la constelación más grande del Gran Oso. Es circumpolar, lo que significa que es visible durante todo el año y es un buen punto de partida para encontrar otras constelaciones, como la Estrella Polar.

Mapa estelar giratorio

Un mapa estelar giratorio es una herramienta que representa el cielo estrellado visible para un lugar y momento específicos. Al girar el mapa, se puede ajustar la sección del cielo actual e identificar constelaciones.

Mecánica celeste

La mecánica celeste se ocupa de los movimientos de los cuerpos celestes en el espacio bajo la influencia de la gravedad. Explica las órbitas de planetas, lunas, estrellas y galaxias.

Pequeño Carro

El Pequeño Carro es una constelación menos prominente que también es circumpolar y contiene la Estrella Polar. Su forma es similar a la del Gran Carro, pero es más pequeña y sus estrellas son más débiles.

Magnitud y posición estelar en la Osa Mayor

Visualización del brillo y la ubicación de las principales estrellas de la Osa Mayor.

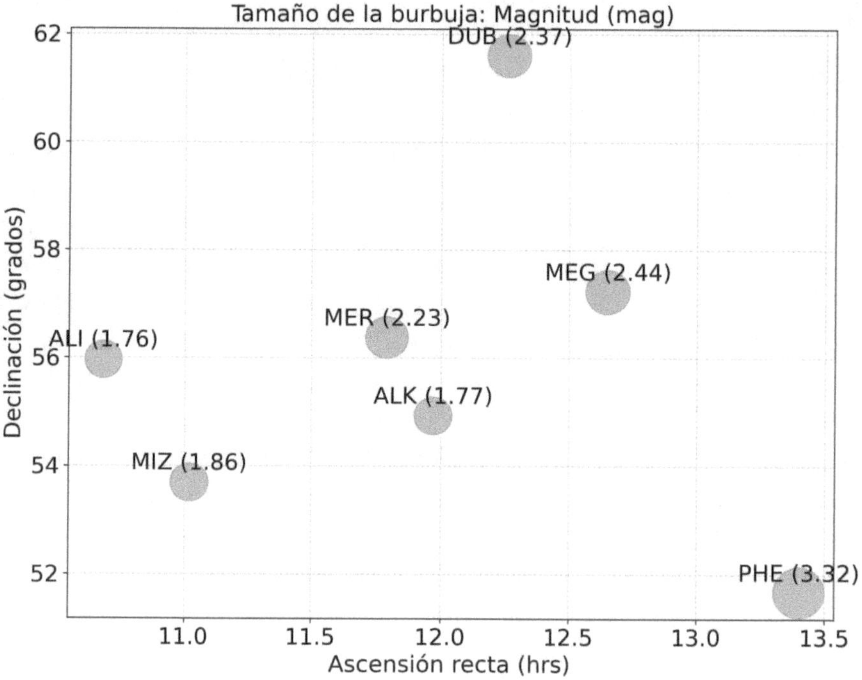

Blasengröße: Magnitud (mag)

ALI: Alioth

DUB: Dubhe

MER: Merak

PHE: Phekda

ALK: Alkaid

MEG: Megrez

MIZ: Mizar

El gráfico de burbujas revela una distribución variable del brillo estelar dentro de la Osa Mayor. Las burbujas más grandes indican una mayor magnitud (estrellas más brillantes), mientras que su posición muestra su ubicación relativa dentro de la constelación. Alioth destaca por ser particularmente brillante. La visualización ayuda a comprender la prominencia de diferentes estrellas en la formación del reconocible asterismo del Gran Carro.

Firmamento cartografiar

La cartografía del firmamento ayuda a orientarse en el cielo nocturno y a determinar la posición de los cuerpos celestes. Al igual que en la navegación en la Tierra, también en el cielo se utilizan sistemas de coordenadas. Uno de estos sistemas es el sistema de coordenadas ecuatoriales, que se basa en la proyección del ecuador terrestre y los polos de la Tierra en el cielo. En lugar de latitudes y longitudes, aquí se habla de ascensión recta y declinación. La ascensión recta, análoga a la longitud, se expresa en horas, minutos y segundos, y mide el ángulo a lo largo del ecuador celeste hacia el este desde el punto vernal. La declinación, análoga a la latitud, se mide en grados y indica el ángulo al norte o al sur del ecuador celeste [s7]. Con este sistema, se pueden localizar estrellas y otros objetos con precisión en el cielo, como con un mapa de la ciudad que indica la posición de los edificios según las calles y los números de las casas. El conocimiento de la propia ubicación juega un papel importante en la cartografía del firmamento. La latitud geográfica del observador influye en qué cuerpos celestes son visibles [s7]. En el Polo Norte, por ejemplo, todas las estrellas al norte del ecuador celeste son circumpolares, es decir, nunca se ponen. En el ecuador, en cambio, todas las estrellas salen y se ponen a lo largo de la noche. Las estrellas y constelaciones circumpolares ofrecen oportunidades de navegación, ya que siempre son visibles y su posición en relación con el horizonte indica la dirección cardinal [s7]. Al igual que en la navegación marítima, donde los hitos ayudan a mantener el rumbo, las estrellas circumpolares proporcionan un punto de referencia fijo en el cielo nocturno. Al determinar la altura del Estrella Polar sobre el horizonte, se puede determinar directamente la propia latitud geográfica [s7]. Este método ha sido esencial en el pasado para los navegantes a fin de determinar su posición en alta mar. Además de las coordenadas y la latitud geográfica, los mapas estelares y el software astronómico son herramientas útiles para la cartografía del firmamento. Los mapas estelares muestran la posición de las estrellas y constelaciones para un momento y lugar determinados. Los modernos programas de planetario ofrecen una representación dinámica del cielo y permiten simular el movimiento de los cuerpos celestes y predecir eventos como eclipses solares o apariciones de cometas. Se pueden considerar como globos interactivos que representan no solo la Tierra, sino todo el universo visible.

Circumpolar [i7]

Bueno saber

Circumpolar

Se refiere a estrellas o constelaciones que se encuentran cerca del polo celeste y, por lo tanto, nunca se ponen desde un lugar determinado.

Cuerpos celestes

Objetos naturales en el espacio, como estrellas, planetas, lunas, asteroides y cometas.

Latitud geográfica

La distancia angular de un lugar al ecuador, medida en grados al norte o al sur. Influye en qué cuerpos celestes son visibles desde un lugar determinado.

Punto vernal

El punto en el ecuador celeste donde el sol se encuentra durante el equinoccio de primavera. Sirve como punto cero para la ascensión recta.

Sistema de coordenadas ecuatoriales

Un sistema de coordenadas que se basa en la proyección del ecuador terrestre en el cielo y determina la posición de los cuerpos celestes utilizando ascensión recta y declinación.

Software astronómico

Programas informáticos que ofrecen una representación dinámica del cielo y permiten simular el movimiento de los cuerpos celestes y predecir eventos astronómicos.

Distribución de Objetos Celestes

Distribución de objetos celestes según la Ascensión Recta y la Declinación.

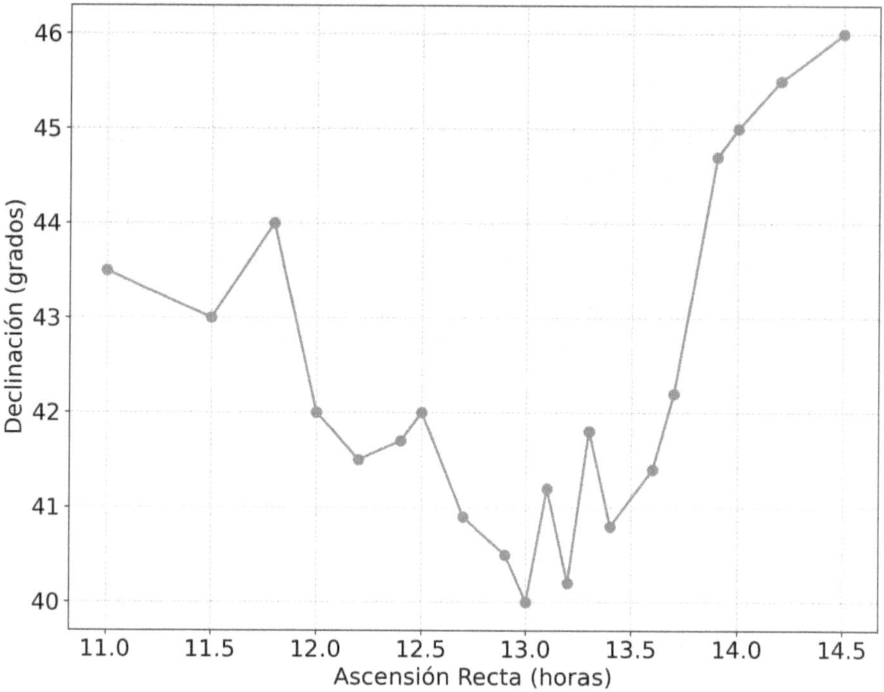

Este gráfico visualiza la distribución de objetos celestes en una sección del cielo. La concentración de puntos sugiere un posible cúmulo o galaxia, mientras que las áreas más dispersas indican regiones con menos objetos visibles. Los datos revelan la distribución desigual de los cuerpos celestes, destacando áreas de mayor interés astronómico.

Consejos concretos

- Busque un lugar oscuro para observar, alejado de las luces de la ciudad, y experimente la majestuosidad de la Vía Láctea.
- Concentre su mirada durante unos minutos en un punto fijo en el cielo y observe cómo las estrellas parecen girar alrededor de ese punto.
- Dibuje los contornos de una constelación en una hoja de papel y complemente su dibujo noche tras noche con más detalles.
- Invente sus propias historias sobre las constelaciones y compártalas con amigos y familiares.
- Construya un pequeño modelo de un sextante y trate de medir la altura de las estrellas sobre el horizonte.
- Oriente en el terreno utilizando las direcciones cardinales que ha determinado mediante la observación de las estrellas.
- Compare sus observaciones del cielo nocturno con la información en un mapa estelar rotatorio y aprenda a utilizar el mapa de manera efectiva.
- Observe el cielo nocturno en diferentes estaciones del año y anote qué constelaciones son visibles en cada momento.
- Aprenda los nombres de las estrellas más brillantes en su región y trate de reconocerlas en el cielo.
- Asista a un taller en un planetario y amplíe su conocimiento sobre la orientación en el cielo nocturno.
- Cree su propio mapa estelar personal con sus constelaciones y objetos favoritos.

1. 3 Herramientas Astronómicas

Desde el sencillo atlas estelar hasta la compleja astrofotografía: Este capítulo aborda las herramientas astronómicas más importantes para los astrónomos aficionados. Aprenderá a leer cartas estelares, utilizar software planetario digital y documentar sus observaciones. Se examinarán las ventajas y desafíos de los diferentes métodos. ¡Prepárese para ampliar sus conocimientos astronómicos y explorar el universo con las herramientas adecuadas!

Desde la simple localización de la Estrella Polar con la ayuda de un mapa estelar hasta el uso de tecnologías avanzadas como la fotónica y software para el análisis de imágenes, la comprensión y la aplicación efectiva de herramientas astronómicas son la clave para la exitosa exploración del universo.

Comprender las cartas estelares

Las cartas estelares representan el cielo nocturno y ayudan a identificar estrellas y constelaciones. Muestran las posiciones de los cuerpos celestes en un momento y lugar determinados. Al igual que un mapa, utilizan un sistema de coordenadas para determinar con precisión las posiciones de los objetos. La rectascensión corresponde a la longitud geográfica y la declinación a la latitud geográfica. [s8] Por ejemplo, puede encontrar la Estrella Polar siguiendo la última punta del mango de la Osa Mayor, una aplicación práctica de la carta estelar que facilita la orientación en el cielo nocturno. Existen diferentes tipos de cartas estelares, desde simples cartas estelares planisféricas que muestran el cielo visible para un momento determinado, hasta detallados atlantes estelares que cubren toda la esfera celeste. Las planisferas consisten en un disco estelar giratorio y una máscara de horizonte superpuesta. Al girar el disco, puede ajustar el cielo visible para diferentes fechas y horas. Los atlantes estelares, por otro lado, a menudo ofrecen una mayor precisión de detalle e incluyen información sobre el brillo (magnitude) de las estrellas, cúmulos estelares, nebulosas y galaxias. La representación del cielo en un mapa plano presenta un desafío cartográfico, similar a la representación de la esfera terrestre en un mapa del mundo. Se utilizan diferentes métodos de proyección para transferir la esfera celeste curvada a una superficie bidimensional. Esto puede llevar a distorsiones, especialmente cerca de los polos celestes. Las cartas estelares a menudo utilizan una proyección azimutal para representar la bóveda celeste sobre el observador o una proyección ecuatorial para representar todo el cielo. La elección de la proyección influye en la forma en que se representan las constelaciones y en cómo se miden los ángulos y distancias entre las estrellas. Los símbolos en las cartas estelares transmiten información importante sobre los cuerpos celestes. El tamaño de los símbolos generalmente representa el brillo de las estrellas. Se utilizan letras griegas para marcar las estrellas más brillantes dentro de una constelación, siendo alfa la más brillante, beta la segunda más brillante, y así sucesivamente. Las líneas dobles representan la Vía Láctea, mientras que se utilizan diferentes símbolos para cúmulos estelares, nebulosas y galaxias. Así, puede identificar y distinguir diferentes objetos celestes a partir de los

símbolos en la carta estelar. También se pueden usar colores para indicar la clase espectral de las estrellas, lo que permite inferir su temperatura y composición. El uso de una carta estelar requiere práctica y paciencia. Comience identificando constelaciones conocidas como la Osa Mayor o Orión. Oriente la carta estelar de manera que coincida con su línea de visión. Gire la carta hasta que las direcciones en la carta coincidan con las direcciones reales del cielo. Luego, compare los patrones estelares en la carta con el cielo visible. Con la experiencia, reconocerá cada vez más constelaciones y otros objetos celestes, y podrá utilizar la carta estelar de manera efectiva para navegar en el cielo nocturno. Los animales, como los escarabajos peloteros, se orientan por la Vía Láctea sin utilizar constelaciones específicas. [s8] Esto demuestra que la orientación en el cielo es posible incluso sin mapas detallados. Esta capacidad de navegación natural es un fascinante ejemplo de la adaptabilidad de los seres vivos a su entorno.

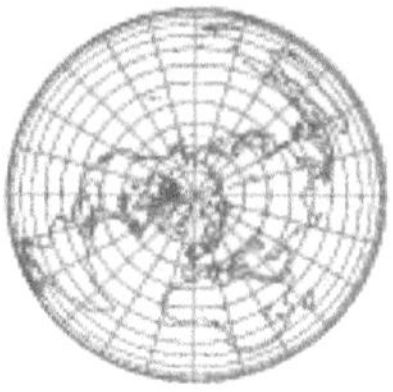

Proyección azimutal [i8]

Comparación de cartas estelares

Comparación de diferentes tipos de cartas estelares

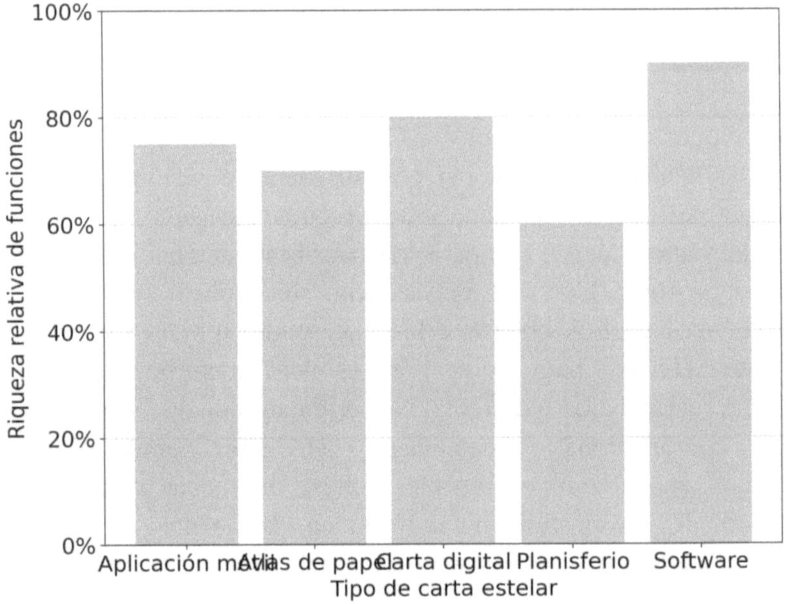

APM: Aplicación móvil

ATL: Atlas de papel

CAD: Carta digital

PLA: Planisferio

SOF: Software

Los planisferios ofrecen un buen equilibrio entre detalle y portabilidad, lo que los hace ideales para los observadores de estrellas principiantes. Mientras que las cartas digitales ofrecen funciones de búsqueda e información sin igual, los atlas de papel ofrecen un campo de visión más amplio y la experiencia tangible que muchos astrónomos prefieren. El software dedicado ofrece la mayor profundidad de información, pero requiere una inversión de tiempo más significativa. Las aplicaciones móviles ofrecen un alto nivel de comodidad, pero pueden ser menos completas que el software de escritorio.

Ayudas digitales para la navegación

Las cartas celestes digitales, también conocidas como software planetario, ofrecen una representación interactiva y dinámica del cielo nocturno en computadoras o dispositivos móviles. A diferencia de las versiones impresas, permiten simular el cielo en cualquier momento y desde cualquier lugar de la Tierra. Ofrecen una variedad de funciones, como la búsqueda de objetos celestes específicos, la visualización de órbitas planetarias o la simulación de eventos astronómicos como eclipses. Al ingresar coordenadas o utilizar la función de GPS del dispositivo, el software centra automáticamente la vista del cielo en la posición actual del observador. Por ejemplo, puede verificar directamente en la pantalla qué constelaciones están sobre usted. Algunos programas también ofrecen la posibilidad de posicionar telescopios de forma computarizada, lo que facilita enormemente la observación de objetos débiles.

Fotodetector [i10]

Además del software planetario, hay una serie de otras ayudas digitales para la astronomía. Esto incluye aplicaciones para teléfonos inteligentes y tabletas que ofrecen cartas estelares, calendarios de fases lunares e información sobre eventos celestes actuales. También, bases de datos y portales en línea proporcionan información extensa sobre estrellas, galaxias y otros objetos celestes. Estos recursos digitales permiten un acceso rápido y fácil al conocimiento astronómico y amplían las posibilidades de observación del cielo. Sin embargo, el creciente número de satélites en órbitas bajas (LEO) puede interferir con la práctica astronómica y la visibilidad del cielo nocturno, lo que es problemático especialmente para los pueblos indígenas, para quienes la observación del cielo tiene un significado cultural y espiritual [s9]. La Unión Astronómica Internacional (IAU) ya ha expresado preocupaciones sobre el impacto de las constelaciones de satélites en la astronomía y ha enfatizado la importancia de preservar cielos oscuros [s9]. Por lo tanto, es aconsejable considerar las posibles interferencias de los satélites al planificar observaciones. Las tecnologías fotónicas,

como los láseres y fotodetectores, juegan un papel cada vez más importante en la exploración espacial y la astronomía [s10]. Los fotodetectores convierten señales de luz en señales eléctricas y son esenciales para las observaciones astronómicas y la comunicación en el espacio [s10]. El desarrollo de circuitos integrados fotónicos permite la miniaturización de instrumentos y mejora su rendimiento [s10]. Estos avances en fotónica ayudan a expandir los límites de la investigación astronómica y permiten una comprensión más detallada del universo. Al combinar ayudas digitales para la navegación con instrumentos fotónicos avanzados, se abren nuevas posibilidades para la exploración del cosmos.

LEO [i9]

Bueno saber

Circuitos integrados fotónicos

Los circuitos integrados fotónicos combinan múltiples componentes fotónicos en un solo chip. Esto permite la miniaturización de instrumentos y mejora su rendimiento y precisión en astronomía.

Coordenadas

Las coordenadas son datos numéricos que determinan la posición de un objeto en el cielo. Se utilizan para localizar y rastrear objetos celestes con precisión.

Fotodetectores

Los fotodetectores son sensores que convierten la luz en señales eléctricas. Son esenciales para los instrumentos astronómicos, ya que permiten medir el brillo y el espectro de los objetos celestes.

Fotónica

La fotónica es la ciencia y tecnología de la luz. En astronomía, se utilizan tecnologías fotónicas como láseres y fotodetectores para observar y analizar la luz del espacio.

Software planetario

El software planetario simula el cielo nocturno y ayuda a identificar objetos celestes, constelaciones y planetas. También puede predecir y simular eventos astronómicos como eclipses o apariciones de cometas.

Uso de herramientas de navegación digital

Distribución del uso de herramientas de navegación digital entre entusiastas del espacio.

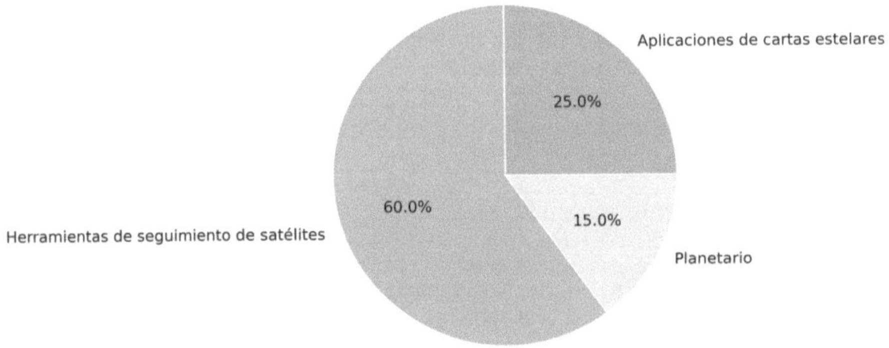

- PLA: Planetario
- SAT: Herramientas de seguimiento de satélites
- STA: Aplicaciones de cartas estelares

Las aplicaciones de cartas estelares dominan el panorama de la navegación digital para los astrónomos aficionados, lo que refleja su papel crucial en la localización de objetos celestes. Si bien el software de planetario ofrece una experiencia más inmersiva y las herramientas de seguimiento de satélites se adaptan a un interés específico, su uso es significativamente menor, lo que sugiere una preferencia por métodos de navegación más simples y directos.

Equipo de documentación

El equipo de documentación para observaciones astronómicas hoy en día abarca mucho más que simplemente registrar posiciones estelares en papel. Además de la anotación manual con lápiz y cuaderno, que aún puede ser útil para esbozar observaciones, existen diversas opciones técnicas. La fotografía juega un papel crucial, utilizando cámaras réflex digitales (DSLR) y cámaras astronómicas especializadas para la astrofotografía. Las DSLR permiten capturar objetos débiles mediante exposiciones prolongadas, mientras que las cámaras astronómicas minimizan el ruido de imagen gracias a sensores refrigerados, mejorando así la calidad de la imagen. Para la fotografía planetaria, se utilizan cámaras de alta resolución con función de video, ya que aquí se combinan muchas imágenes individuales en una sola. La elección del telescopio adecuado influye significativamente en los resultados: los refractores ofrecen imágenes de alto contraste, los reflectores recogen más luz para objetos débiles y los sistemas catadióptricos combinan las ventajas de ambos tipos. Al igual que el mecanismo de Anticitera, que hace más de 2000 años permitió cálculos astronómicos complejos y venía con un manual detallado [s11], los instrumentos modernos también requieren un entendimiento de su funcionamiento y la técnica subyacente para aprovechar su potencial al máximo. Además del hardware, el software para el procesamiento y análisis de imágenes es esencial. Programas como RegiStax o AutoStakkert! permiten apilar imágenes individuales para mejorar la relación señal-ruido y generar tomas más detalladas. Así como los astrónomos antiguos realizaban cálculos precisos con el mecanismo de Anticitera [s11], las soluciones de software modernas permiten analizar datos de imagen para, por ejemplo, determinar el brillo de las estrellas o investigar la composición de nebulosas. A través de la combinación de hardware potente y software especializado, los astrónomos aficionados pueden hoy en día lograr resultados impresionantes y obtener datos científicamente valiosos de manera independiente. La documentación de observaciones astronómicas no solo sirve como recuerdo personal, sino que también contribuye a la expansión del conocimiento astronómico al hacer observaciones y

hallazgos accesibles para otros. Un protocolo de observación cuidadosamente llevado, ya sea digital o analógico, incluye además de los datos de imagen, información sobre la fecha, hora, lugar de observación, equipo utilizado y las condiciones reinantes como el seeing y transparencia. Estos datos son importantes para interpretar correctamente las observaciones más tarde y compararlas con otras. Como muestran las detalladas instrucciones del mecanismo de Anticitera [s11], la documentación precisa ya era un componente importante del trabajo astronómico en la antigüedad.

Refractor [i11]

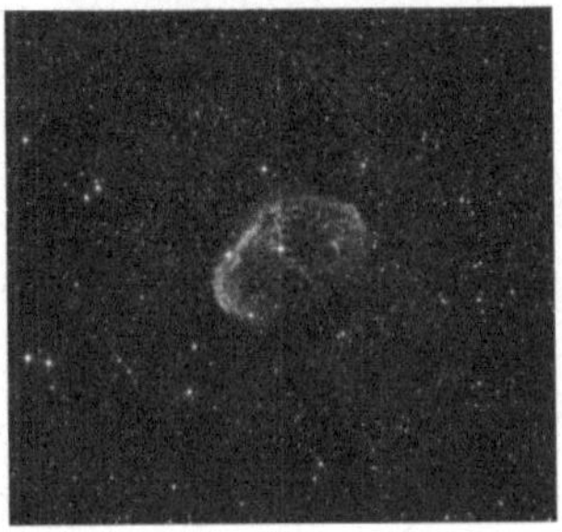

cámara astronómica [i12]

Sistema catadióptrico [i13]

Bueno saber

Astrofotografía

La astrofotografía es un tipo especial de fotografía que se centra en la captura de objetos celestes como estrellas, planetas, nebulosas y galaxias. Requiere equipo y técnicas especiales para capturar las débiles señales de luz del espacio.

Sistemas catadióptricos

Los sistemas catadióptricos son telescopios que utilizan una combinación de lentes y espejos para recoger luz y generar una imagen. Combinan las ventajas de los refractores y reflectores y ofrecen un diseño compacto.

Transparencia

La transparencia se refiere a la claridad de la atmósfera y a cuánta luz de los objetos celestes puede atravesarla. Una alta transparencia permite la observación de objetos más débiles.

Alcance del equipo astronómico

Alcance de diferentes herramientas astronómicas.

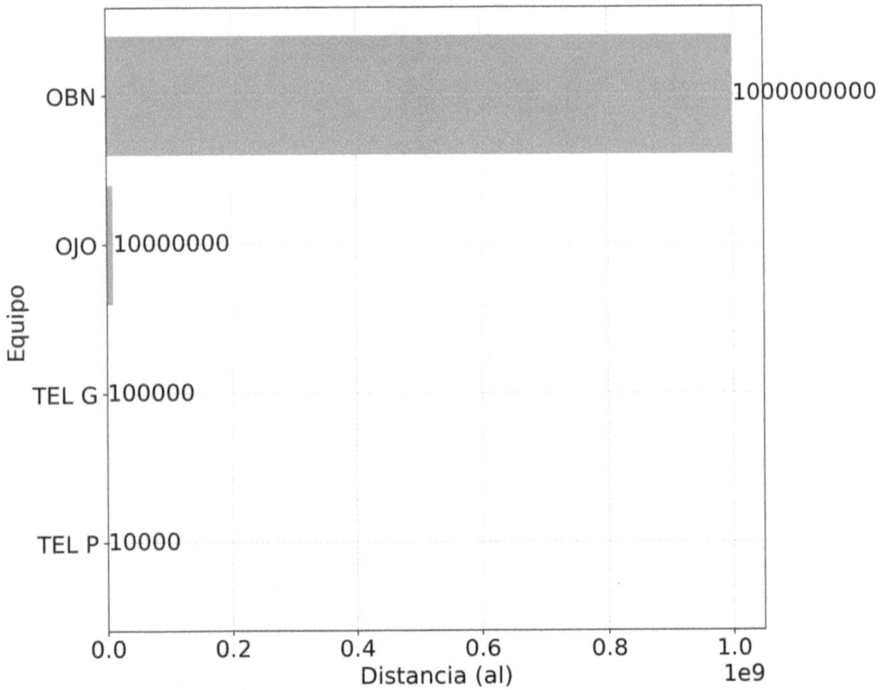

OBN: Binoculares

OJO: Ojo desnudo

TEL G: Telescopio grande

TEL P: Telescopio pequeño

El gráfico destaca la gran diferencia en el rango observable entre el ojo desnudo, los binoculares y los telescopios. Mientras que los binoculares ofrecen una modesta mejora sobre la visión sin ayuda, los telescopios, particularmente los de gran apertura, expanden drásticamente nuestro acceso al cosmos, permitiendo la observación de objetos celestes significativamente más distantes.

Consejos concretos

- Compare la representación de una constelación en su carta estelar con la de un software astronómico y analice las diferencias en la proyección.
- Construya un modelo simple de un astrolabio y practique la determinación de la altura de las estrellas.
- Desarrolle su propio método para estimar y documentar el brillo aparente de las estrellas utilizando objetos cotidianos.
- Organice una búsqueda del tesoro nocturna en la que los participantes encuentren objetos ocultos utilizando cartas estelares y coordenadas.
- Cree una grabación en timelapse de la rotación del cielo nocturno con una cámara fija y su carta estelar como referencia.
- Siga el recorrido de una estrella brillante a través del cielo y documente su posición en relación con hitos terrestres.
- Utilice un telescopio para comparar la proyección de la carta estelar con la vista real de la sección del cielo y analice las distorsiones.
- Diseñe su propia carta estelar para un momento y lugar específicos, que muestre solo las estrellas más brillantes y las constelaciones más importantes.
- Compare la representación de la Vía Láctea en diferentes cartas estelares y discuta las diferencias en la precisión de los detalles.
- Experimente con linternas de luz roja para mantener la adaptación a la oscuridad de sus ojos durante la observación del cielo y poder leer mejor la carta estelar.
- Determine la latitud de su ubicación utilizando un cuadrante hecho por usted y su carta estelar.

Revisión - 1. Fundamentos de la Astronomía

La astronomía nos ofrece fascinantes vislumbres de las vastedades del universo. Desde la observación de la luna con unos simples binoculares hasta la exploración de galaxias distantes con potentes telescopios, hay innumerables oportunidades para explorar el cielo nocturno. Sin embargo, el camino hacia convertirse en un astrónomo aficionado exitoso comienza con la comprensión de los fundamentos y la elección adecuada del equipo. Si desea comenzar con unos binoculares, preste atención a la combinación correcta de aumento y diámetro del objetivo. Un binocular demasiado pesado dificulta su manejo sin trípode, lo que resulta en una imagen borrosa. Utilice herramientas digitales como aplicaciones de cartas estelares para orientarse en el cielo y encontrar objetos más fácilmente. Recuerde acostumbrar sus ojos a la oscuridad y buscar un lugar con poca contaminación lumínica para crear las mejores condiciones de observación. Con unos binoculares, ya puede descubrir detalles impresionantes en la luna, planetas y cúmulos estelares.

La elección del telescopio adecuado depende de sus objetivos de observación y su presupuesto. Los refractores son adecuados para la observación de planetas, mientras que los reflectores de mayor apertura permiten observar objetos débiles del cielo profundo. Los telescopios catadióptricos ofrecen una alternativa compacta con una alta distancia focal. Al seleccionar, también considere el tipo de montura. Una montura estable es esencial para una imagen sin temblores, especialmente a altas aumentos. La montura altazimutal es fácil de usar, mientras que la montura ecuatorial permite el seguimiento automático de los objetos celestes. Las condiciones atmosféricas, como el seeing, afectan la calidad de la imagen. Por lo tanto, infórmese sobre el pronóstico del tiempo y elija un lugar con aire tranquilo.

La orientación en el cielo nocturno es esencial para una observación exitosa. Aprenda a determinar las direcciones utilizando el sol o la estrella polar. Las constelaciones ofrecen una ayuda de navegación confiable. Comience con constelaciones conocidas como la Osa Mayor y utilice cartas estelares o aplicaciones para identificar otras constelaciones. El sistema de coordenadas ecuatoriales con ascensión recta y declinación permite la localización precisa de objetos celestes. Utilice programas de planetario digitales para simular el cielo y planificar sus observaciones. Sin embargo, tenga en cuenta la creciente problemática de la contaminación lumínica y las posibles interferencias de satélites, que pueden afectar la visibilidad de los objetos celestes.

La documentación de sus observaciones es una parte importante de la astronomía. Además de la observación visual, hoy en día hay diversas formas de documentación, desde la astrofotografía con cámaras DSLR o cámaras astrofotográficas especiales hasta el uso de software para la edición y análisis de imágenes. Un protocolo de observación cuidadosamente llevado, ya sea digital o analógico, le ayudará a analizar, interpretar y compartir sus observaciones con otros. La astronomía es un hobby fascinante que le ofrece la oportunidad de explorar los secretos del universo. Con la preparación adecuada, el equipo correcto y un poco de paciencia, usted también puede obtener impresionantes vislumbres del cosmos y disfrutar de la belleza del cielo nocturno.

2. Nuestro Sistema Solar

¿Alguna vez se ha preguntado, al mirar el cielo nocturno, qué se oculta tras los puntos brillantes? Nuestro hogar cósmico se extiende mucho más allá de los límites de la Tierra: un sistema de planetas, lunas y innumerables cuerpos celestes más pequeños que orbitan alrededor de nuestra estrella central. Desde planetas rocosos ardientemente calientes hasta gigantes gaseosos helados, se presenta una asombrosa diversidad de mundos. La astronomía moderna revela constantemente nuevos detalles sobre estos fascinantes vecinos. Prepárese para un viaje de descubrimiento a través de la vecindad de nuestro sol: más cerca de lo que piensa y, sin embargo, lleno de secretos.

2. 1 Observar Planetas

Este capítulo trata sobre la observación de los planetas de nuestro sistema solar, desde los planetas rocosos Mercurio, Venus y Marte hasta los gigantes gaseosos Júpiter, Saturno, Urano y Neptuno. Las diferentes características de los planetas, sus atmósferas y sus posiciones en el sistema solar presentan desafíos específicos para los astrónomos aficionados. Por lo tanto, una observación exitosa de los planetas requiere considerar diversos factores, desde la elección del momento y lugar adecuados hasta el uso de equipo apropiado. Prepárese para un emocionante viaje a través de nuestro sistema solar.

Los planetas de nuestro sistema solar ofrecen una variedad de oportunidades de observación que dependen de su posición respecto al sol y de sus características individuales.

Mercurio a Marte

Los planetas interiores de nuestro sistema solar, Mercurio, Venus, Tierra y Marte, son planetas terrestres, compuestos principalmente de roca y metal. [s12] Sus superficies muestran una variedad de formaciones geológicas, desde cráteres y volcanes hasta cañones y llanuras. Aunque se formaron en la misma región del sistema solar, presentan diferencias significativas en su atmósfera y temperatura superficial. Mercurio, el planeta más cercano al sol, tiene casi ninguna atmósfera. [s12] La radiación solar llega casi sin obstáculos a su superficie, lo que provoca fluctuaciones extremas de temperatura entre el día y la noche. Durante el día, las temperaturas pueden superar los 400°C, mientras que por la noche caen a -170°C. Estas condiciones extremas hacen de Mercurio un entorno hostil para la vida. Un astrónomo aficionado debe prestar atención al momento adecuado para observar Mercurio. Dado que el planeta está tan cerca del sol, es mejor observarlo justo antes del amanecer o justo después de la puesta del sol, cuando se destaca un poco de la luz solar. La Venus, en cambio, está rodeada por una densa atmósfera de dióxido de carbono que causa un fuerte efecto invernadero. [s12] Las temperaturas superficiales en Venus rondan los 460°C, lo suficientemente calientes como para derretir plomo. Esta densa atmósfera refleja mucha luz solar, lo que convierte a Venus en uno de los objetos más brillantes del cielo nocturno, pero también dificulta la observación de su superficie. La Tierra, nuestro planeta natal, se encuentra en la zona habitable del sol, el área donde el agua puede existir en forma líquida. Nuestra atmósfera, compuesta principalmente de nitrógeno y oxígeno, nos protege de la radiación dañina del sol y regula la temperatura. La Tierra es el único planeta conocido en nuestro sistema solar que alberga vida. Marte, el cuarto planeta desde el sol, tiene una atmósfera delgada compuesta principalmente de dióxido de carbono. [s12] Las temperaturas superficiales en Marte son significativamente más bajas que en la Tierra, oscilando entre -140°C y 20°C. Aunque Marte es hoy un desierto frío y seco, hay indicios de que en el pasado existió agua líquida en su superficie. La búsqueda de signos de vida en Marte es un enfoque importante de la investigación espacial actual.

El color rojizo de Marte, causado por óxido de hierro en el suelo, lo hace fácilmente reconocible en el cielo nocturno. Aproximadamente cada dos años, hay una oposición especialmente favorable, cuando Marte está particularmente cerca de la Tierra y, por lo tanto, aparece más brillante y grande. Estos períodos ofrecen condiciones óptimas para la observación con un telescopio.

Bueno saber

Atmósfera

Una envoltura gaseosa que rodea un planeta y es mantenida por la gravedad. La composición y densidad de la atmósfera pueden influir en la temperatura superficial y la habitabilidad de un planeta.

Formaciones Geológicas

Estructuras en la superficie de un planeta que se han formado a través de procesos geológicos como el volcanismo, la tectónica o la erosión. Ejemplos incluyen cráteres, montañas, valles y llanuras.

Planetas Terrestres

Planetas que están compuestos principalmente de roca y metales, en contraste con los gigantes gaseosos. Generalmente tienen una superficie sólida y una mayor densidad.

Zona Habitable

El área alrededor de una estrella donde las condiciones de temperatura permiten la existencia de agua líquida en la superficie de un planeta. La zona habitable también se conoce como la 'zona de los Goldilocks', ya que las condiciones no deben ser ni demasiado calientes ni demasiado frías, sino justo adecuadas para la vida tal como la conocemos.

Visibilidad de los planetas interiores

Visibilidad de Mercurio, Venus y Marte según la magnitud aparente, el tamaño y la distancia a la Tierra.

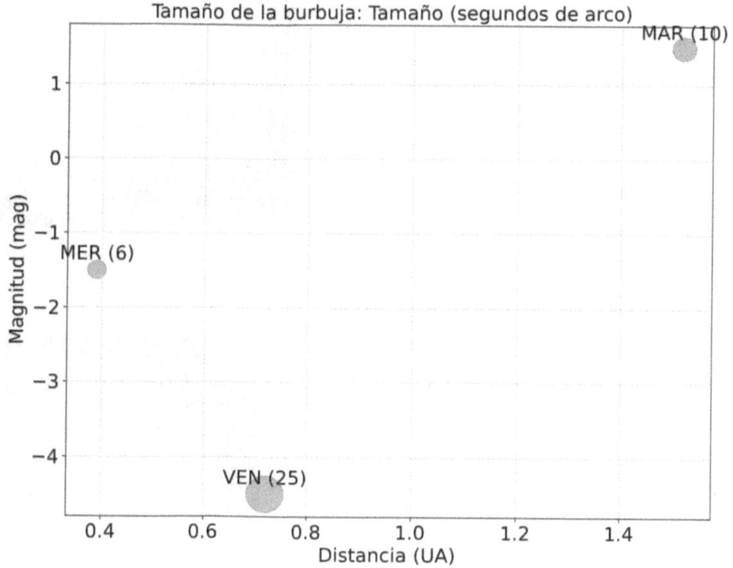

Blasengröße: Tamaño (segundos de arco)

- MAR: Marte
- MER: Mercurio
- VEN: Venus

Venus es generalmente el más brillante y parece más grande debido a su proximidad a la Tierra. Marte, aunque está más lejos, a veces puede parecer más brillante que Mercurio debido a su mayor tamaño y reflectividad de la superficie. Mercurio, al ser el más pequeño y el más cercano al sol, a menudo es difícil de observar debido a su proximidad al resplandor del sol y su menor tamaño aparente.

Júpiter hasta Saturno

Más allá del cinturón de asteroides se extiende la región de los gigantes gaseosos, comenzando con Júpiter y Saturno. Estos planetas son fundamentalmente diferentes de los planetas internos y sólidos. Están compuestos principalmente de hidrógeno y helio y no tienen una superficie sólida en el sentido convencional. [s13] Su enorme tamaño y composición los convierten en objetos de observación fascinantes, incluso con telescopios simples.

Gigantes gaseosos [i14]

Júpiter [i15]

Saturno [i16]

Júpiter, el planeta más grande de nuestro sistema solar, se destaca por sus coloridas bandas de nubes y el Gran Manchón Rojo, una enorme tormenta que ha sido observada durante siglos. Incluso un pequeño telescopio revela algunos de los mayores satélites de Júpiter: Ío, Europa, Ganimedes y Calisto. Su movimiento alrededor del planeta se puede seguir en pocas horas. Ya en el siglo XVII, Christiaan Huygens reconoció la existencia de una gran luna – hoy sabemos que se refería a Ganimedes – y obtuvo los primeros conocimientos sobre los anillos de otro planeta, que más tarde resultaría ser Saturno. [s14] Estas primeras observaciones sentaron las bases para nuestra comprensión actual de estos sistemas complejos.

Calisto [i17]

Saturno, el sexto planeta desde el sol, es famoso por su espectacular sistema de anillos, que está compuesto por innumerables partículas de hielo y roca. Los anillos, que ya son visibles con un pequeño telescopio, aparecen como una banda plana y brillante que rodea al planeta. Huygens sospechaba en su tiempo que podría tratarse de un anillo sólido, pero observaciones posteriores revelaron la verdadera naturaleza de esta fascinante estructura. [s14] Saturno también posee una variedad de lunas, entre ellas Titán, la única luna en el sistema solar con una atmósfera densa. Un telescopio con un poco más de apertura permite descubrir algunas de estas lunas y vislumbrar las diferentes estructuras dentro de los anillos de Saturno. Por lo tanto, los gigantes gaseosos Júpiter y Saturno también ofrecen a los astrónomos aficionados con instrumentos simples una experiencia de observación gratificante.

Titán [i19]

sistema de anillos [i18]

Ganímedes [i20]

Gran Mancha Roja [i21]

Bueno saber

Calisto

Calisto es la luna galileana más lejana de Júpiter y tiene una superficie muy craterizada.

Cinturón de asteroides

El cinturón de asteroides es una región entre Marte y Júpiter donde se encuentra una gran cantidad de asteroides: fragmentos de roca que orbitan alrededor del sol.

Gigantes gaseosos

Los gigantes gaseosos son grandes planetas que están compuestos principalmente de gases como hidrógeno y helio y no tienen una superficie sólida. Júpiter y Saturno son ejemplos de gigantes gaseosos.

Gran Manchón Rojo

El Gran Manchón Rojo es una enorme y duradera tormenta en la atmósfera de Júpiter, que es más grande que la Tierra.

Sistema de anillos

Un sistema de anillos es una colección de partículas de hielo y roca que orbitan un planeta. Saturno es conocido por su llamativo sistema de anillos.

Titán

Titán es la luna más grande de Saturno y tiene una atmósfera densa compuesta principalmente de nitrógeno.

Visibilidad planetaria

Visibilidad relativa de Júpiter y Saturno a lo largo del año.

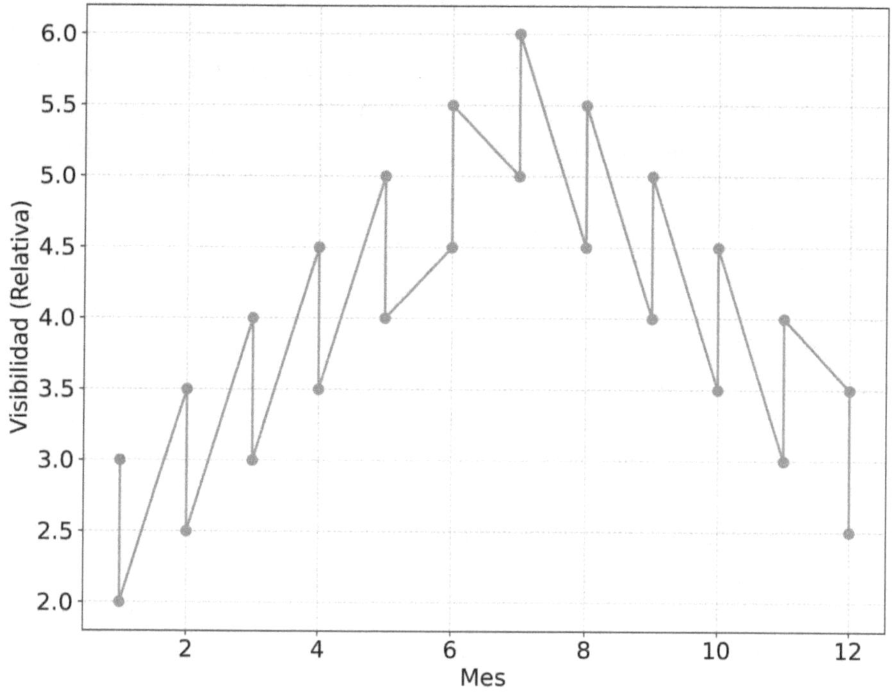

Esta gráfica muestra la visibilidad relativa de Júpiter y Saturno, indicando los períodos óptimos de observación. Los valores más altos sugieren una mejor visibilidad debido a factores como la posición del planeta y la órbita de la Tierra. Los períodos superpuestos sugieren momentos en los que ambos planetas podrían ser observados en la misma sesión.

Urano y Neptuno

Urano y Neptuno, los gigantes gaseosos externos de nuestro sistema solar, siguen siendo en gran medida un misterio a pesar de los avances en la investigación astronómica [s15]. A diferencia de Júpiter y Saturno, que ya han sido visitados por varias sondas espaciales, las exploraciones detalladas de estos gigantes de hielo aún están pendientes. Su composición de hidrógeno y helio, enriquecida con sustancias volátiles como agua, amoníaco y metano, les confiere su característico color azulado. Una diferencia notable entre los dos planetas es el eje de rotación de Urano, que se encuentra casi paralelo a su plano orbital, lo que hace que, en cierto modo, ruede de lado [s15]. En cambio, Neptuno presenta una inclinación axial más típica. Estas diferentes orientaciones podrían indicar enormes impactos en la temprana etapa de su formación, que influyeron de manera significativa en el desarrollo de los planetas [s15]. Sus atmósferas también ofrecen campos de investigación emocionantes. Mientras que Júpiter es conocido por su Gran Manchón Rojo, Urano y Neptuno también muestran fenómenos meteorológicos dinámicos, cuyas causas y efectos aún no se han aclarado completamente [s15]. Un ejemplo de esto son las manchas oscuras en Neptuno, que aparecen y desaparecen temporalmente. Las complejas magnetosferas de los gigantes de hielo, que surgen de sus inusuales campos magnéticos y la interacción con el viento solar, representan otro fascinante campo de investigación [s15]. La exploración de sus lunas y sistemas de anillos también promete nuevos conocimientos. Urano tiene un sistema de satélites naturales, mientras que Neptuno alberga la luna capturada Tritón, que con su órbita retrógrada y sus criovolcanes plantea enigmas a los científicos [s15]. Por lo tanto, la comunidad científica internacional planea en las próximas décadas las primeras misiones dedicadas a Urano y Neptuno, para explorar estos mundos fascinantes con mayor detalle y ampliar nuestra comprensión del sistema solar exterior [s15]. Con telescopios más potentes y

técnicas de observación sofisticadas, los astrónomos aficionados también pueden vislumbrar estos lejanos planetas, que aparecen como puntos azulados y tenues en el cielo nocturno. El mejor momento para la observación es la oposición, cuando el planeta está más cerca de la Tierra y su brillo es máximo.

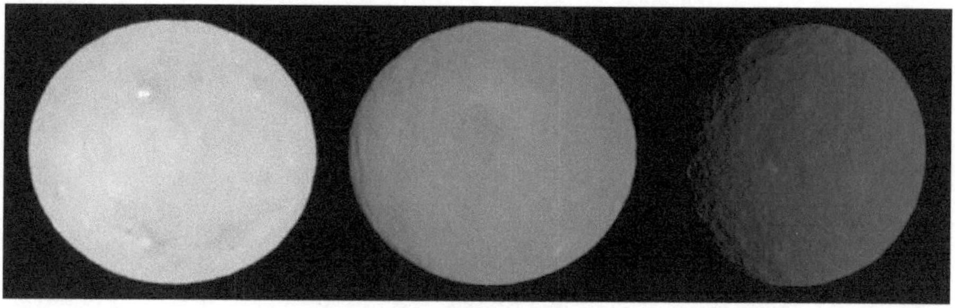

Oposición [i22]

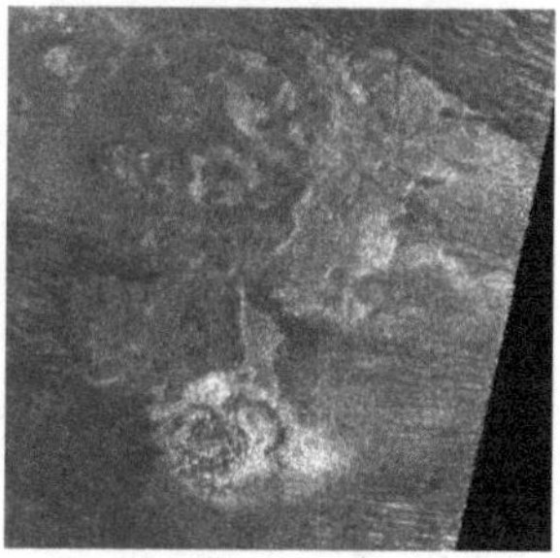

Criovolcán [i23]

Urano y Neptuno: desafíos de observación

Visibilidad relativa y magnitud aparente

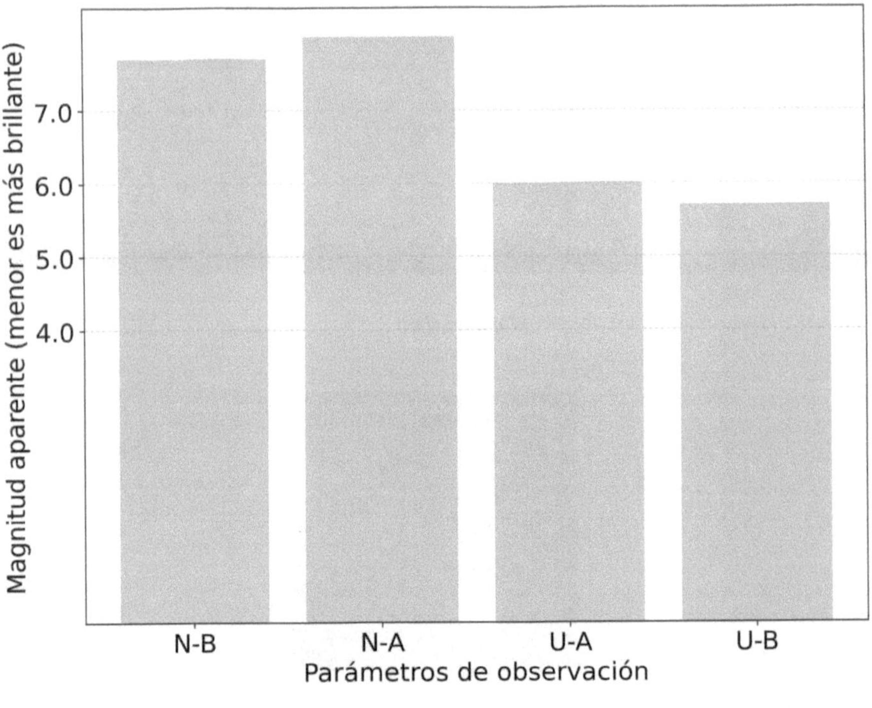

N-A: Neptuno - Condiciones promedio
N-B: Neptuno - Mejores condiciones
U-A: Urano - Condiciones promedio
U-B: Urano - Mejores condiciones

Neptuno es consistentemente más tenue que Urano, lo que hace que sea significativamente más difícil de observar a simple vista o con telescopios pequeños. La diferencia en magnitud aparente destaca la necesidad de telescopios de mayor apertura y cielos más oscuros para una observación exitosa de Neptuno. Mientras que Urano se puede detectar en condiciones favorables con una búsqueda dedicada, Neptuno casi siempre requiere ayuda óptica.

Consejos concretos

- Realice un seguimiento del movimiento de las lunas de Júpiter y elabore un boceto de sus posiciones a lo largo de varias noches.
- Compare el brillo de Venus con otros planetas y estrellas y anote sus observaciones.
- Busque Marte en el cielo nocturno y preste atención a su color rojizo.
- Intente localizar Urano y Neptuno con unos binoculares o un telescopio y observe su color azulado.
- Observe los anillos de Saturno con un telescopio y dibuje su forma y estructura.
- Compare el tamaño de Júpiter y Saturno a través del telescopio y estime su relación de tamaños.
- Utilice un software de planetario para determinar la posición actual de los planetas en el cielo y luego intente localizarlos a simple vista o con un instrumento.
- Documente la visibilidad de Mercurio en el amanecer o el atardecer durante un período prolongado.
- Cree una serie de fotos de las fases de Venus a lo largo de varios meses, similar a las fases de la luna.
- Observe Marte durante una oposición y compare su tamaño y brillo con otros momentos.
- Intente observar las bandas de nubes de Júpiter con un telescopio y documente sus cambios.
- Organice una noche de observación con amigos y familiares y comparta su entusiasmo por los planetas de nuestro sistema solar.

2. 2 Descubrir Cuerpos Menores

Esta sección trata sobre la observación de asteroides, cometas y lluvias de meteoros. Aprenderá a identificar estos objetos débiles de luz en el cielo nocturno y a seguir su movimiento. Se explicarán tanto las técnicas y herramientas necesarias como los desafíos, como la distinción entre estrellas o la determinación de los elementos orbitales. Prepárese para actuar y explorar el fascinante mundo de los cuerpos menores en el sistema solar.

Las posibilidades de éxito en la búsqueda de asteroides aumentan al elegir el momento adecuado (fase de luna nueva), el lugar de observación (oscuridad, vista despejada del cielo) y la región del cielo (cercanía a la eclíptica), así como al utilizar software y cartas estelares para la localización de asteroides conocidos.

Localizar asteroides

La localización de asteroides requiere paciencia, técnica precisa y un entendimiento de la himmelsmechanik. Los asteroides aparecen en el cielo nocturno como puntos débiles de luz que se mueven lentamente contra el fondo de las estrellas. Este movimiento es clave para distinguirlos de las estrellas, que parecen fijas en el cielo. Para capturar este movimiento, se utilizan telescopios equipados con cámaras CCD de alta sensibilidad. Se realizan varias tomas de la misma región del cielo en intervalos de tiempo. Al comparar estas tomas, se puede determinar el cambio de posición de un asteroide. Un astrónomo aficionado podría, por ejemplo, identificar un punto de luz en movimiento analizando tres tomas con intervalos de 30 minutos y así descubrir un asteroide. El movimiento aparente de un asteroide en el cielo resulta de su movimiento real en el sistema solar y del movimiento de la Tierra alrededor del Sol. Para determinar la posición de un asteroide con precisión, son necesarias mediciones astrométricas. Estas miden la posición exacta del asteroide en relación con estrellas conocidas. Estos datos se envían al Centro de Planetas Menores (MPC) de la Unión Astronómica Internacional (IAU). El MPC es el centro de recopilación de observaciones de asteroides y cometas. Calcula las órbitas de los objetos y les asigna una designación provisional. La órbita de un asteroide se describe mediante sus elementos orbitales. Estos incluyen, entre otros, el semieje mayor, la excentricidad y la inclinación. El semieje mayor indica la distancia media del asteroide al Sol, la excentricidad describe la forma de la órbita elíptica y la inclinación indica el ángulo del plano orbital en relación con la eclíptica. La eclíptica es el plano en el que la Tierra orbita alrededor del Sol. Conociendo estos elementos orbitales, se puede calcular la posición del asteroide en cualquier momento y predecir su órbita futura. El brillo de un asteroide varía con el tiempo. Estas fluctuaciones de brillo pueden ser causadas por la rotación del asteroide. Los asteroides a menudo tienen formas irregulares y, al rotar, cambia la superficie iluminada por el Sol y, por lo tanto, la cantidad de luz reflejada. El análisis de estas variaciones de brillo, conocido como análisis de curvas de luz, permite determinar el período de rotación del asteroide y hacer inferencias sobre su forma. Un asteroide con una

curva de luz muy variable podría tener una forma alargada, mientras que un asteroide con un brillo constante es más probable que sea esférico. La búsqueda de asteroides se ve influenciada por diversos factores, incluyendo la posición del observador en la Tierra, la estación del año y la fase lunar. El mejor momento para observar asteroides es durante la fase de luna nueva, cuando el cielo está oscuro. La región cerca de la eclíptica es especialmente prometedora, ya que la mayoría de los asteroides se encuentran allí. Programas de software y cartas estelares pueden ayudar en la planificación de observaciones al mostrar la posición de asteroides conocidos y calcular su visibilidad desde un lugar específico. Así, un observador puede optimizar su tiempo de telescopio y aumentar la probabilidad de encontrar un asteroide. Además de la observación visual y las mediciones astrométricas, existen otros métodos para investigar asteroides. Las observaciones de radar permiten estudiar la forma y la superficie de los asteroides en detalle. Las investigaciones espectroscópicas proporcionan información sobre la composición de los asteroides. Las misiones de sondas espaciales a asteroides ofrecen datos valiosos sobre sus propiedades físicas y su historia. La combinación de estos diferentes métodos permite una comprensión integral de los asteroides y su importancia para la formación y evolución del sistema solar. La continua mejora de la técnica de observación y la creciente participación de astrónomos aficionados conducen a un número cada vez mayor de asteroides descubiertos y amplían nuestro conocimiento sobre estos fascinantes cuerpos celestes. Un astrónomo aficionado comprometido puede contribuir a la investigación de asteroides con el equipo adecuado y el conocimiento necesario, convirtiéndose así en parte de esta emocionante aventura de descubrimiento.

Bueno saber

Centro de Planetas Menores (MPC)

El Centro de Planetas Menores (MPC) es una organización de la Unión Astronómica Internacional (IAU) encargada de la recopilación y análisis de datos de observación de asteroides y cometas. El MPC calcula las órbitas de estos objetos y les asigna designaciones.

Investigaciones espectroscópicas

Las investigaciones espectroscópicas analizan la luz reflejada por los asteroides para obtener información sobre su composición. Diferentes materiales absorben y emiten luz a longitudes de onda características, lo que permite determinar su composición química.

Mediciones astrométricas

Las mediciones astrométricas determinan la posición exacta de los cuerpos celestes en el cielo. Estas mediciones son importantes para calcular las órbitas de los asteroides y predecir su posición futura.

Unión Astronómica Internacional (IAU)

La Unión Astronómica Internacional (IAU) es una organización internacional de astrónomos responsable de la nomenclatura de cuerpos celestes y la estandarización de convenciones astronómicas.

Distribución de Asteroides en el Cinturón de Asteroides

Distribución de asteroides según su distancia al Sol.

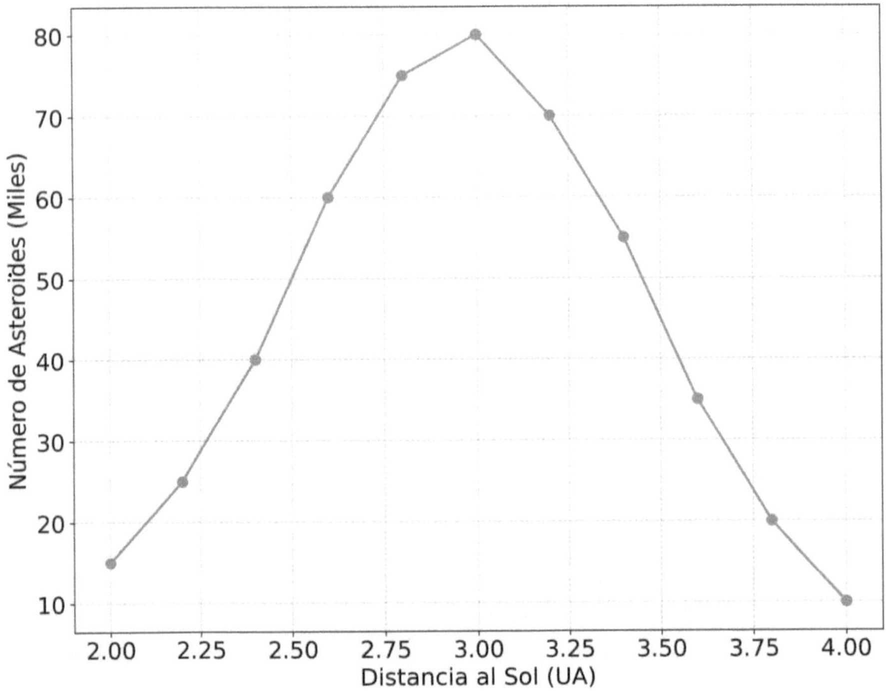

El gráfico muestra una mayor concentración de asteroides entre 2.5 y 3.5 UA, lo que indica la región central del cinturón de asteroides. La disminución en el número de asteroides más allá de 3.5 UA sugiere una densidad decreciente a medida que nos alejamos del Sol.

Seguimiento de cometas

El seguimiento de cometas se diferencia de la observación de asteroides, aunque ambos cuerpos celestes aparecen como puntos débiles de luz. A diferencia de las trayectorias relativamente constantes de los asteroides, los cometas cambian dramáticamente su brillo y apariencia a medida que se acercan al sol. Estos cambios son causados por la sublimación de sustancias volátiles en el núcleo del cometa, que forman una coma (una envoltura difusa alrededor del núcleo) y a menudo uno o varios cabellos. Estos cabellos, compuestos de polvo y gas ionizado, pueden extenderse por millones de kilómetros y cambian su forma y orientación bajo la influencia del viento solar. Por lo tanto, la observación de estas estructuras dinámicas requiere un enfoque adaptado. La órbita de un cometa, también descrita por bahnelemente, es a menudo significativamente más elíptica que la de la mayoría de los asteroides y puede estar fuertemente inclinada respecto a la eclíptica. Un cometa recién descubierto recibe, al igual que los asteroides, una designación provisional del MPC. La determinación precisa de los parámetros orbitales de un cometa es más compleja debido a su actividad variable y requiere observaciones continuas durante un período prolongado. Así, la interacción del plasma del cometa con el viento solar puede dar lugar a la formación de estructuras en la coma del cometa y en los cabellos, que afectan el brillo aparente y la forma del cometa [s16]. Estas interacciones, que varían según la distancia heliocéntrica, complican la determinación precisa de la órbita y requieren análisis detallados del plasma circundante [s16]. Para documentar el desarrollo de un cometa, son necesarias observaciones regulares de su brillo y el desarrollo de la coma y los cabellos. Las observaciones visuales con telescopios proporcionan información importante sobre la apariencia del cometa, mientras que las fotografías capturan la estructura detallada de la coma y los cabellos. El brillo de un cometa se estima generalmente utilizando una escala, donde el desarrollo del brillo está directamente relacionado con la actividad del núcleo del cometa y los procesos de ionización en su entorno [s16]. Tanto la interacción electrónica como la fotoionización juegan un papel, cuya importancia relativa cambia a lo largo de la misión [s16]. La composición de la coma y los cabellos puede ser investigada mediante análisis espectroscópicos, que proporcionan información sobre las moléculas e iones presentes en el cometa. La presencia de diferentes poblaciones electrónicas, que difieren en temperatura y origen, ofrece más información sobre los complejos procesos dentro de la coma del cometa [s16]. Una documentación y análisis precisos de estos datos son importantes para comprender los procesos físicos y químicos que rigen el desarrollo de un cometa. También se investiga el papel de las ondas y las interacciones onda-partícula, que contribuyen a la transferencia de energía y al calentamiento de las poblaciones de partículas, a través de tales observaciones [s16]. Así, un observador podría, por ejemplo, seguir el desarrollo del brillo de un cometa durante varias semanas y documentar los cambios en la coma y los cabellos, contribuyendo así a la investigación de este fascinante cuerpo celeste. La combinación de observaciones visuales, astrometrischen_messungen y análisis espectroscópicos permite una comprensión integral de los cometas y su papel en el sistema solar.

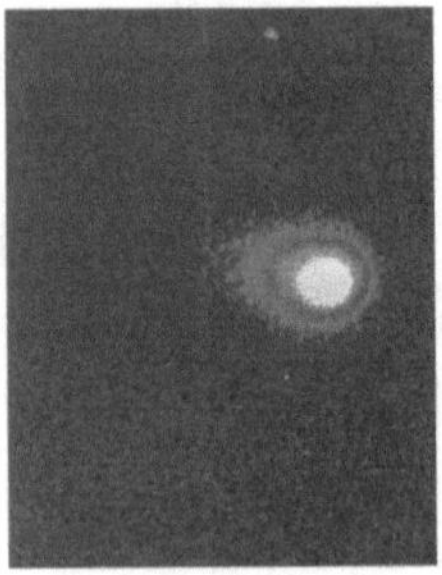

Coma (Cometa) [i24]

cola de cometa [i25]

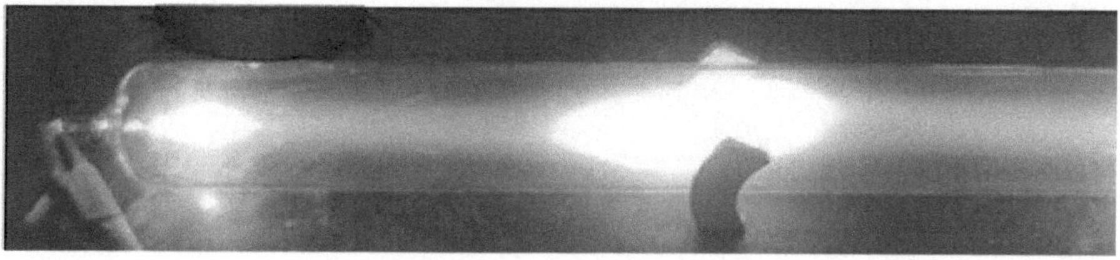

Plasma (física) [i26]

Bueno saber

Análisis espectroscópicos

La investigación de la luz de los cuerpos celestes para determinar su composición y propiedades físicas.

Coma

La envoltura difusa y nebulosa alrededor del núcleo de un cometa, que se forma por la sublimación de hielo y polvo cuando el cometa se acerca al sol.

Distancia heliocéntrica

La distancia de un cuerpo celeste al sol.

Fotoionización

El proceso por el cual un átomo o molécula pierde un electrón al absorber un fotón, quedando así ionizado.

Interacción electrónica

La ionización de átomos o moléculas por colisión con electrones.

Plasma

Un estado de la materia que consiste en gases ionizados y que se encuentra comúnmente en el espacio. En los cometas, el plasma forma la coma y el cabello.

Sublimación

La transición directa de una sustancia del estado sólido al estado gaseoso, sin pasar por el estado líquido. En los cometas, la sublimación de hielo y otras sustancias congeladas da lugar a la formación de la coma y los cabellos.

Brillo y distancia cometaria

Tamaño, brillo y distancia del cometa a la Tierra

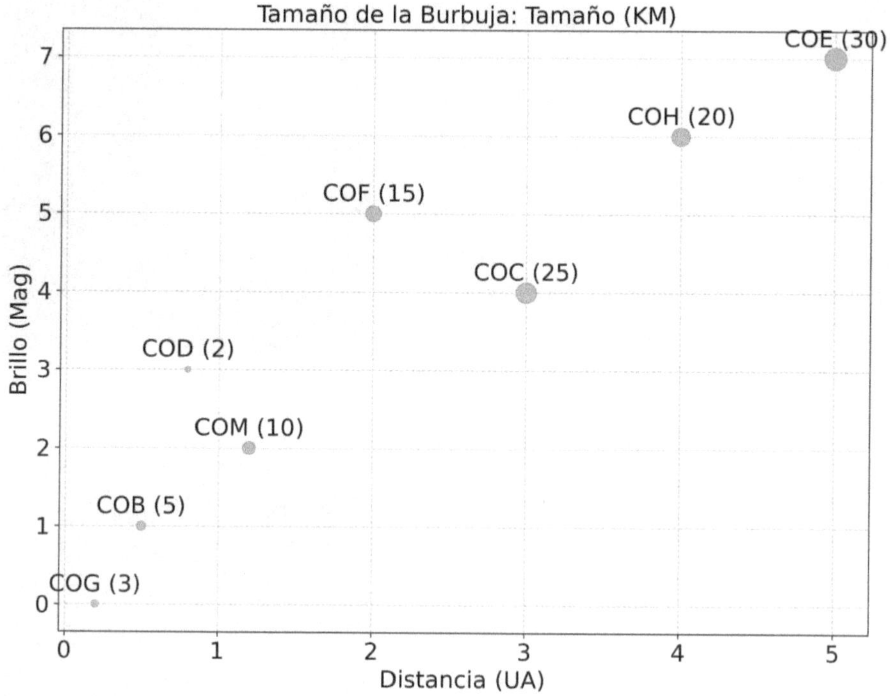

Blasengröße: Tamaño (KM)

COB: Cometa B

COD: Cometa D

COF: Cometa F

COH: Cometa H

COC: Cometa C

COE: Cometa E

COG: Cometa G

COM: Cometa A

Los cometas más grandes tienden a ser más brillantes, especialmente cuando están más cerca de la Tierra. Sin embargo, algunos cometas más pequeños a distancias cortas pueden parecer más brillantes que los más grandes y distantes. La distancia juega un papel importante en el brillo observado, como se ve con algunos cometas más pequeños que son más brillantes que los más grandes y lejanos.

Observar lluvias de meteoros

Las lluvias de meteoros se producen cuando la Tierra cruza la estela de polvo de un cometa. Estas partículas de polvo, a menudo no más grandes que granos de arena, entran en la atmósfera terrestre a alta velocidad y se incineran, creando las características luces que llamamos meteoros o estrellas fugaces. La observación de estos fenómenos celestes no requiere equipo especial, sino principalmente un lugar de observación oscuro, alejado de fuentes de luz molestas. Busque un lugar con una vista despejada del cielo, preferiblemente lejos de áreas urbanas. Un simple sillón y ropa abrigada aumentan considerablemente la comodidad de la observación, ya que las lluvias de meteoros se observan mejor durante un período prolongado. La mayoría de los meteoros de una lluvia parecen originarse de un punto específico en el cielo, llamado radiante. El radiante se encuentra en la constelación de la que recibe su nombre la lluvia de meteoros. Por ejemplo, las Perseidas parecen provenir de la constelación de Perseo. Conocer la ubicación del radiante ayuda a identificar los meteoros de una lluvia específica. Por lo tanto, consultar un mapa estelar antes de comenzar la observación puede ser útil para determinar la posición del radiante en el cielo y así distinguir las

Cometa [i27]

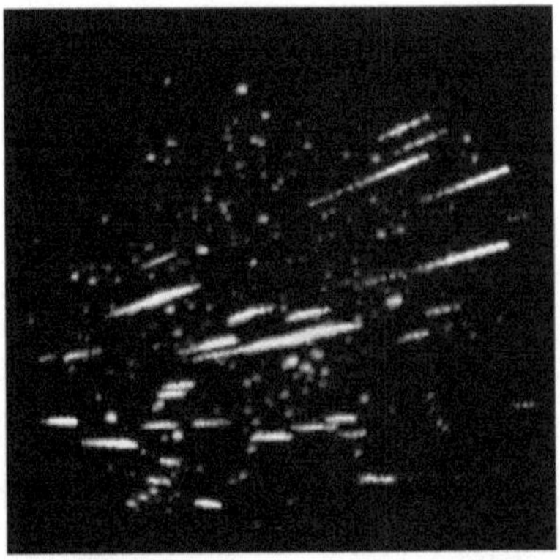

Radiante [i28]

estrellas fugaces de la lluvia deseada de meteoritos esporádicos. La cantidad de meteoros visibles por hora, conocida como Tasa Horaria Zenithal (ZHR), indica la actividad de una lluvia de meteoros y varía según la lluvia y la fecha. Por ejemplo, las Perseidas alcanzan en agosto una ZHR de hasta 100 meteoros por hora. Tenga en cuenta que la cantidad real de meteoros visibles depende de la oscuridad del lugar de observación y de la altura del radiante sobre el horizonte. El mejor momento para observar lluvias de meteoros suele ser después de la medianoche, cuando el radiante está más alto en el cielo. La Tierra se mueve, por así decirlo, de frente hacia la estela de polvo del cometa, lo que aumenta la cantidad de meteoros visibles. Mientras que la mayoría de los meteoros solo brillan brevemente, los ejemplares especialmente brillantes, llamados bolas de fuego o bolidos, pueden ser visibles durante varios segundos e incluso dejar una estela de humo. La velocidad aparente de los meteoros de una lluvia depende de la velocidad relativa entre las partículas de polvo y la Tierra. Por ejemplo, los meteoros de las Perseidas parecen bastante rápidos, ya que las partículas de polvo del cometa Swift-Tuttle impactan la atmósfera terrestre a alta velocidad. Además de las conocidas lluvias de meteoros como las Perseidas, las Gemínidas o las Leónidas, también hay numerosas lluvias más débiles que producen menos meteoros por hora. La información sobre los períodos de actividad y la ZHR esperada de las diferentes lluvias de meteoros se puede encontrar en anuarios astronómicos o en sitios web correspondientes. Al planificar su noche de observación, también preste atención a la luna. Una luna brillante puede reducir significativamente la visibilidad de los meteoros más débiles. Por lo tanto, elija, si es posible, una noche alrededor de la fase de luna nueva, cuando el cielo es más oscuro. Así optimiza sus posibilidades de experimentar un impresionante espectáculo celeste. Durante su observación, anote la cantidad de meteoros vistos y su brillo. Estos datos pueden ser reportados a organizaciones como la Organización Internacional de

Meteoros (IMO) y así contribuir a la investigación científica de las lluvias de meteoros.

Bueno saber

Bolido
Un meteoro especialmente brillante que a menudo explota o se descompone en varias partes y puede dejar una estela de humo. A veces, el término también se utiliza para meteoros que producen sonidos.

Organización Internacional de Meteoros
Una organización internacional de astrónomos aficionados y profesionales dedicada a la observación y estudio de meteoros. Recopila datos de observación y publica información sobre lluvias de meteoros.

Meteoros esporádicos
Meteoros que no pertenecen a una lluvia de meteoros conocida y que parecen aparecer al azar en el cielo. Provienen de partículas de polvo individuales en el espacio y no de la estela de un cometa.

Radiante
El punto en el cielo del que parecen provenir los meteoros de una lluvia específica. Su posición está determinada por la constelación en la que se encuentra.

Tasa Horaria Zenithal
La cantidad de meteoros que un observador vería bajo condiciones ideales (cielo claro y oscuro, radiante en el cenit) por hora. Sirve como medida de la fuerza de una lluvia de meteoros.

Frecuencia de Lluvia de Meteoros

Frecuencia relativa de las principales lluvias de meteoros.

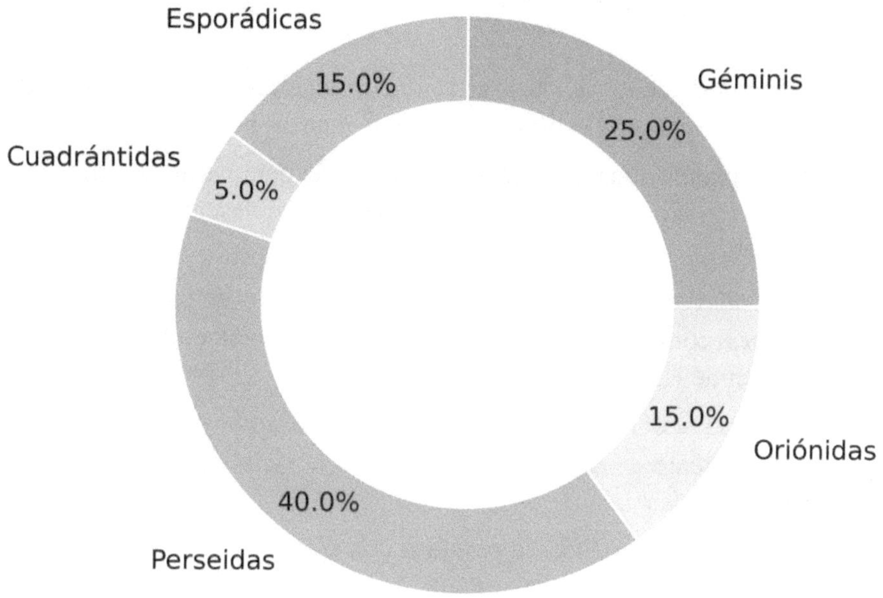

CUA: Cuadrántidas
GEM: Géminis
PER: Perseidas
ESP: Esporádicas
ORI: Oriónidas

Las Perseidas son la lluvia de meteoros más frecuente observada, seguida de las Gemínidas y las Oriónidas. Las Cuadrántidas, aunque intensas, se observan con menos frecuencia debido a su corto período pico. El fondo esporádico representa la tasa base de meteoros no asociados con lluvias específicas.

Consejos concretos

- Concéntrese en regiones específicas del cielo que son menos atendidas por programas de búsqueda profesionales.
- Evalúe antiguos registros astronómicos para identificar objetos que podrían haber sido pasados por alto.
- Desarrolle sus propios algoritmos para el análisis automatizado de imágenes, optimizados específicamente para objetos débiles y en movimiento.
- Intercambie ideas con otros astrónomos aficionados y coordine sus observaciones para explorar el cielo de manera más sistemática.
- Utilice plataformas de "Ciencia Ciudadana" para participar en la evaluación de grandes conjuntos de datos y así descubrir cuerpos menores.
- Especialícese en la búsqueda de tipos específicos de cuerpos menores, como asteroides cercanos a la Tierra o objetos en el cinturón de Kuiper.
- Experimente con diferentes tiempos de exposición y técnicas de procesamiento de imágenes para mejorar la visibilidad de objetos débiles.
- Concentre su búsqueda en períodos con condiciones de observación óptimas, como durante las lluvias de meteoros.
- Siga de cerca las órbitas de cometas conocidos y busque en sus proximidades troyanos u objetos coorbitales.
- Analice los datos orbitales de cuerpos menores conocidos y busque patrones que indiquen la existencia de otros objetos no descubiertos.
- Desarrolle un sistema para la notificación automatizada de posibles descubrimientos al Centro de Planetas Menores.

2. 3 Explorar el Sol

El sol influye de manera significativa en la vida en la Tierra. Este capítulo explica cómo los astrónomos aficionados documentan la actividad solar y pueden ayudar a comprender mejor los efectos del viento solar y la actividad magnética de nuestra estrella. La observación segura de eclipses solares y protuberancias requiere equipo especial y precauciones, pero ofrece fascinantes perspectivas sobre la atmósfera solar y su dinámica. Descubra los métodos y posibilidades para explorar el sol de manera segura y efectiva.

> *La investigación del sol, desde la reconstrucción de la actividad pasada a través de isótopos cosmogénicos hasta la observación de protuberancias actuales, no solo proporciona fascinantes perspectivas sobre el comportamiento de nuestra estrella, sino que también ayuda a comprender y predecir mejor su influencia a largo plazo en la Tierra.*

Documentar la actividad solar

La documentación de la actividad solar nos ayuda a entender el comportamiento de nuestra estrella y a evaluar sus efectos en la Tierra. Un aspecto importante es la reconstrucción de la actividad solar pasada. Para ello, se analizan isótopos cosmógenos en muestras como anillos de árboles o núcleos de hielo, que sirven como indicadores de la actividad solar, ya que su concentración varía con la intensidad del viento solar [s17]. De este modo, se puede reconstruir la actividad solar a lo largo de milenios, cuantificada como número de manchas solares, una medida de la actividad magnética del sol. Estas reconstrucciones no solo muestran los conocidos ciclos solares de 11 años, sino también fluctuaciones a más largo plazo. Se ha observado una fluctuación con un período de aproximadamente 2400 años, en cuyos picos y valles se acumulan mínimos y máximos solares extremos [s17]. El análisis del número de manchas solares a lo largo de largos períodos también proporciona información sobre las causas de estos mínimos y máximos. Los resultados de la investigación sugieren que estos eventos extremos no son impulsados por ciclos a largo plazo, sino por procesos estocásticos, es decir, aleatorios, en el dynamo solar, el mecanismo de generación del campo magnético del sol [s18]. Se distingue entre mínimos cortos, que duran de 30 a 90 años, y mínimos largos de más de 110 años de duración [s18]. Estos hallazgos proporcionan condiciones límite importantes para los modelos del dynamo solar y mejoran nuestra comprensión del comportamiento a largo plazo del sol. Al combinar diferentes métodos, como el análisis de isótopos cosmógenos y la reconstrucción de números de manchas solares, obtenemos una imagen más completa de la actividad solar y su variabilidad.

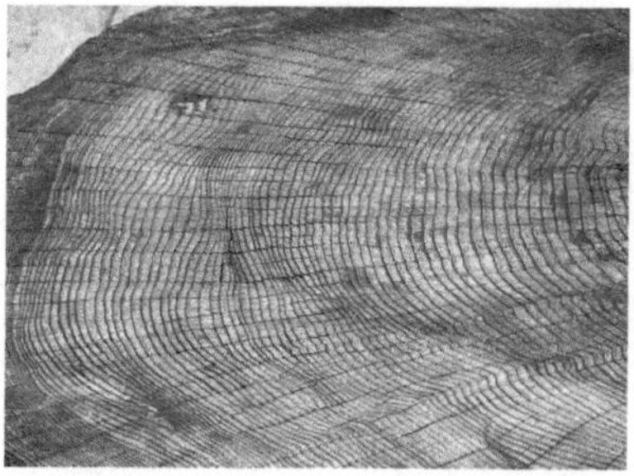

anillo de crecimiento [i29]

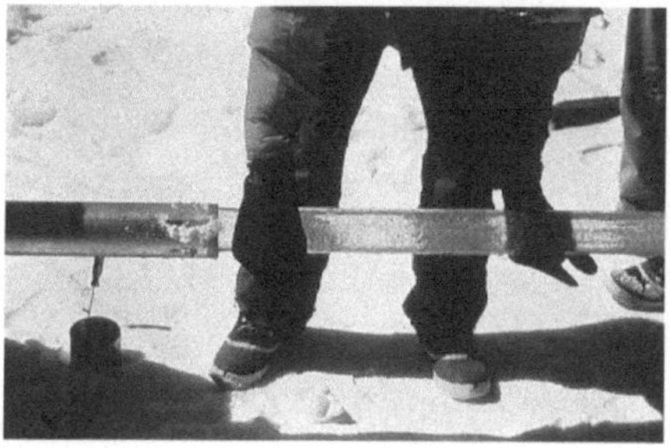

núcleo de hielo [i30]

mancha solar [i31]

Bueno saber

Dynamo solar

El dynamo solar es el proceso físico en el interior del sol que genera y mantiene su campo magnético. Se basa en el movimiento de plasma eléctricamente conductor en el interior del sol.

Isótopos cosmógenos

Los isótopos cosmógenos se forman a través de la interacción de la radiación cósmica con átomos en la atmósfera terrestre o en la superficie de la Tierra. Su frecuencia en rocas, núcleos de hielo o anillos de árboles proporciona información sobre la intensidad de la actividad solar en el pasado.

Número de manchas solares

El número de manchas solares es una medida de la actividad magnética del sol. Se determina contando las manchas oscuras en la superficie solar, que se producen por campos magnéticos fuertes. Un alto número de manchas solares indica una mayor actividad solar.

Intensidad de la Actividad Solar

Variabilidad de los Fenómenos Solares

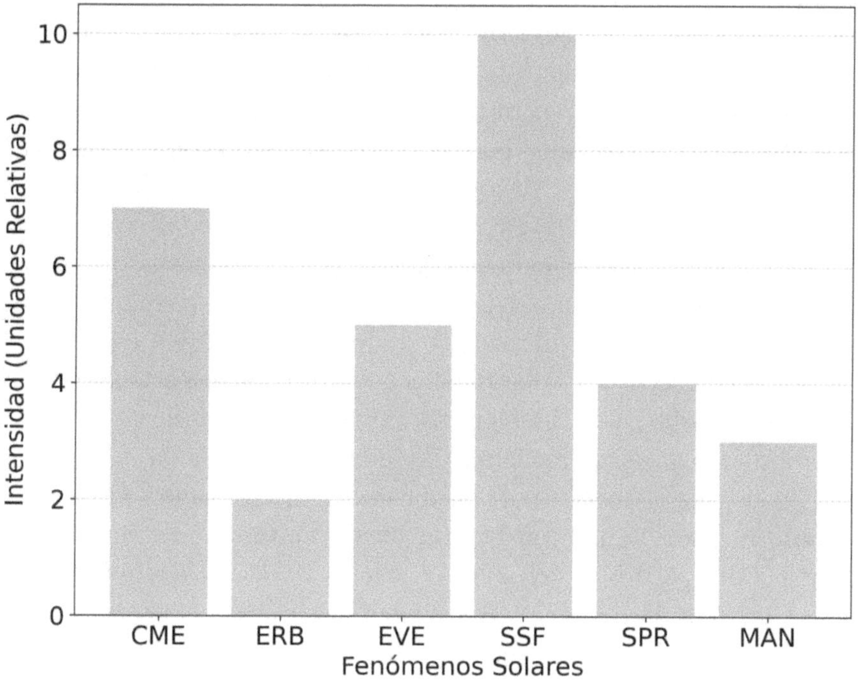

CME: Eyecciones de Masa Coronal

ERB: Erupciones de viento solar

MAN: Manchas solares

SPR: Protuberancias Solares

SSF: Erupciones Solares

El gráfico destaca variaciones significativas en la actividad solar. Mientras que las erupciones solares demuestran la mayor intensidad máxima, las eyecciones de masa coronal representan una amenaza más sostenida debido a su duración prolongada y descarga de masa. La intensidad relativamente baja pero la alta frecuencia de las manchas solares sugiere un período de actividad solar moderada en general.

Observar eclipses solares

La observación de eclipses solares requiere precauciones especiales, ya que mirar directamente al sol puede dañar irreparablemente los ojos. Incluso durante un eclipse, cuando el sol está parcialmente cubierto, aún entra suficiente radiación intensa en el ojo como para dañar la retina. Por lo tanto, una protección segura es esencial. Las gafas de eclipse solar, que están equipadas con un filtro certificado, bloquean la parte dañina de la radiación solar y permiten una observación sin peligro. Estas gafas deben ser revisadas por daños antes de su uso y solo deben ser utilizadas para miradas breves al sol. Alternativamente, el eclipse puede ser observado de manera indirecta, por ejemplo, proyectando la imagen del sol con un telescopio o binoculares sobre una pantalla. De este modo, se puede seguir el evento sin poner en riesgo los ojos. La observación de eclipses solares no solo ofrece un espectáculo natural espectacular, sino que también ha contribuido significativamente al desarrollo de la física moderna. La confirmación de la teoría de la relatividad general mediante la medición de la desviación de la luz en el borde del sol durante un eclipse ilustra el valor científico de tales observaciones. A través del análisis preciso de la desviación de la luz durante un eclipse, los científicos pudieron verificar las predicciones de la teoría de la relatividad general y así ampliar nuestra comprensión de la gravedad y el espacio-tiempo. Este conocimiento forma hoy la base para la investigación de lentes gravitacionales, que permiten a los astrónomos estudiar la distribución de masa en el universo. Por ejemplo, galaxias distantes, cuya luz es desviada por la gravedad de un objeto masivo en primer plano, pueden ser analizadas con mayor precisión. La documentación del curso de un eclipse solar también puede proporcionar datos valiosos para los astrónomos aficionados. - medición precisa del tiempo de inicio y finalización del eclipse - observación y descripción de la corona - documentación fotográfica de las diferentes fases. Estos datos

pueden ser utilizados en proyectos de ciencia ciudadana y combinados con mediciones profesionales para, por ejemplo, comprender mejor la dinámica de la atmósfera solar o determinar la órbita exacta de la luna. Al combinar la investigación profesional con observaciones de aficionados, se crea una imagen más completa de estos fascinantes eventos celestiales.

Corona [i32]

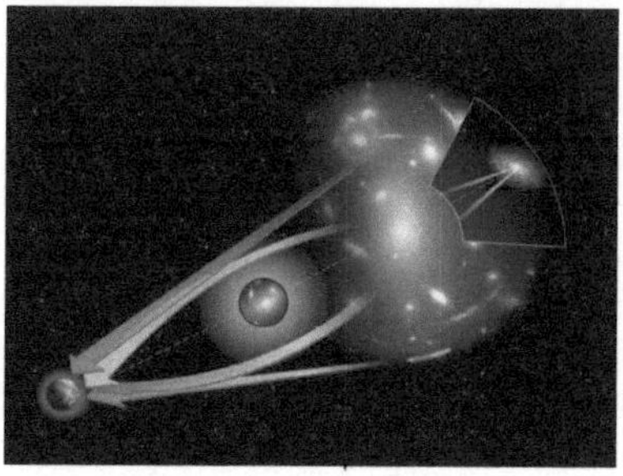

lente gravitacional [i33]

Ciencia ciudadana

La ciencia ciudadana se refiere a la participación de investigadores aficionados en proyectos científicos. A través de la ayuda de ciudadanos, se pueden recopilar y analizar grandes cantidades de datos que serían difíciles de manejar solo para los científicos profesionales.

Corona

La corona es la capa más externa de la atmósfera solar y aparece como un resplandor alrededor del sol, visible especialmente durante un eclipse solar total. Está compuesta de plasma extremadamente caliente y es el origen del viento solar.

Lentes gravitacionales

Las lentes gravitacionales se producen cuando la luz de objetos distantes es desviada por la gravedad de un objeto masivo en primer plano. Este efecto puede amplificar la luz y crear imágenes distorsionadas de los objetos de fondo.

Teoría de la relatividad general

La teoría de la relatividad general es una teoría de la gravedad desarrollada por Albert Einstein. Describe la gravedad como la curvatura del espacio-tiempo causada por masa y energía.

Tipos de eclipses solares

Frecuencia de los tipos de eclipses solares

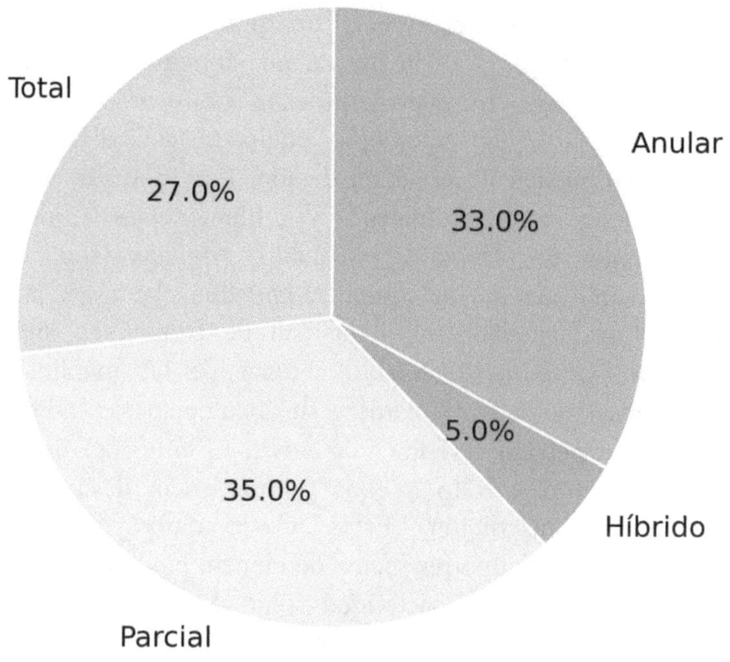

ANU: Anular

HÍB: Híbrido

PAR: Parcial

TOT: Total

Los eclipses solares parciales son el tipo más común y ocurren con más frecuencia que los eclipses totales o anulares. Si bien los eclipses solares totales son un evento espectacular, su trayectoria limitada de totalidad los convierte en una experiencia más rara en comparación con la visibilidad más amplia de los eclipses parciales y anulares. La proporción relativamente pequeña de eclipses híbridos destaca su excepcional rareza.

Reconocer protuberancias

Las protuberancias son estructuras brillantes de plasma en la atmósfera solar que se extienden a lo largo de las líneas del campo magnético. Se proyectan mucho más allá de la superficie solar y ofrecen fascinantes vislumbres de la dinámica del sol. Para su observación, al igual que en la observación solar directa en general, es esencial una protección especial. Los filtros H-alpha permiten que solo la luz de una longitud de onda específica del hidrógeno pase, lo que permite la observación segura de las protuberancias. Con un telescopio equipado con dicho filtro, estas estructuras se pueden observar en detalle. Las protuberancias aparecen como formaciones brillantes y filamentosas que cambian constantemente de forma y tamaño. Algunas son efímeras y desaparecen en cuestión de minutos, mientras que otras pueden durar días o incluso semanas. Su diversidad de formas es impresionante: bucles, arcos y fuentes son solo algunas de las manifestaciones. A través de observaciones regulares y su documentación, como dibujos o fotografías, se pueden registrar cambios a lo largo del tiempo. Así, se puede seguir el desarrollo de una protuberancia desde su formación hasta su descomposición. Estas observaciones también pueden contribuir valiosamente a proyectos de ciencia ciudadana que se ocupan de la investigación de la actividad solar. Al combinar observaciones amateur con datos profesionales, los científicos obtienen una comprensión más completa de los complejos procesos en la atmósfera solar. Además de los filtros H-alpha, existen también llamados filtros de calcio-K. Estos filtros operan en el rango violeta del espectro y muestran, además de las protuberancias en el borde del sol, estructuras en la superficie solar, llamadas filamentos. Un filamento es, en esencia, la misma estructura que una protuberancia, pero se percibe como una franja oscura frente al disco solar, ya que es más frío en comparación con la superficie solar circundante. Con un telescopio adecuado y el filtro correcto, se pueden observar tanto protuberancias como filamentos de manera segura y detallada para investigar la actividad de nuestra estrella. Por ejemplo, la observación del cambio y la cantidad de protuberancias a lo largo de un ciclo solar, que dura en promedio once años, proporciona información importante sobre la actividad magnética del sol. En fases de alta actividad solar, las protuberancias aparecen con más frecuencia y en formas más complejas que en fases más tranquilas. La documentación de estos cambios ayuda a mejorar la predicción de tormentas solares y sus efectos en la Tierra.

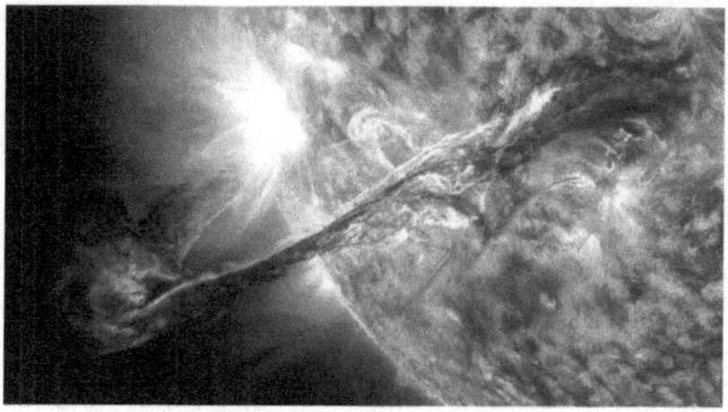

Protuberancia [i34]

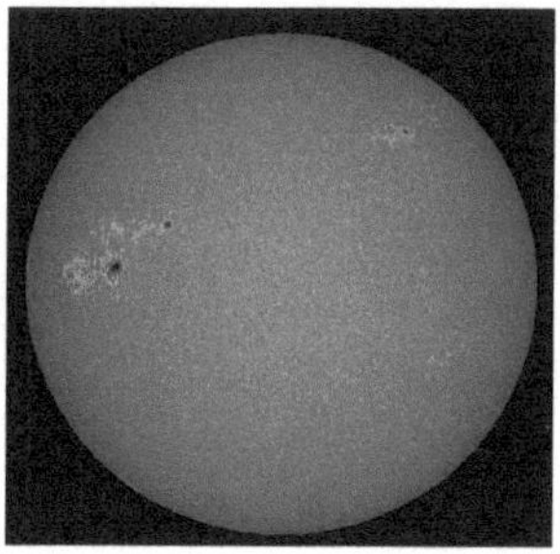

Filtro de calcio K [i35]

Comparación del tamaño de las protuberancias

Comparación de la altura de las protuberancias solares.

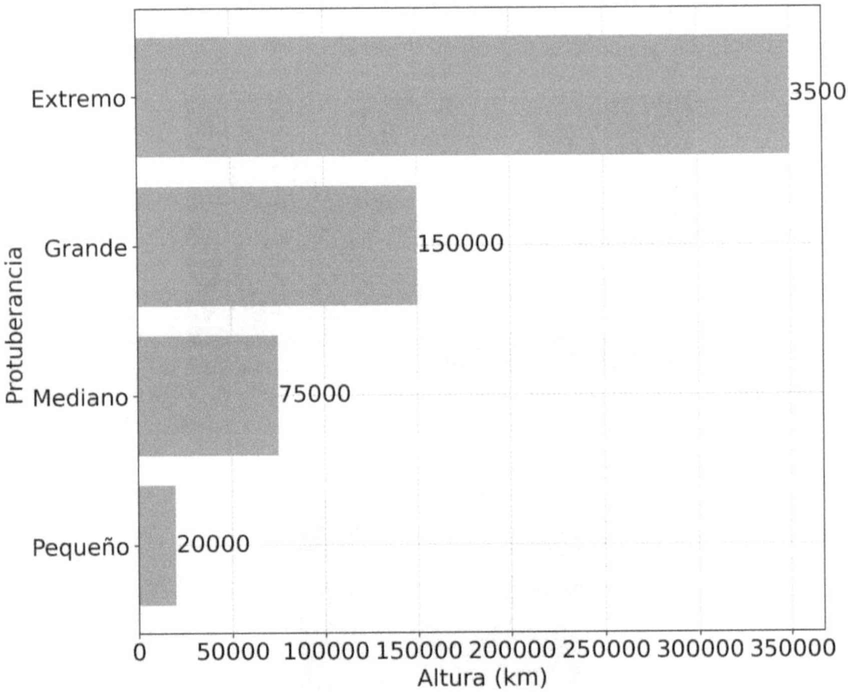

A: Pequeño

B: Mediano

C: Grande

D: Extremo

Las protuberancias más grandes superan a las más pequeñas por un factor considerable. Las diferencias de altura indican erupciones de diferente intensidad. Las protuberancias pequeñas son más frecuentes que las muy grandes.

Consejos concretos

- Desarrolle su propia hipótesis sobre la formación de un fenómeno solar específico y diseñe un experimento para verificarla.
- Investigue observaciones solares históricas de diversas culturas y compare sus métodos e interpretaciones.
- Cree un modelo tridimensional del sol que visualice las diferentes capas y procesos.
- Siga la actividad solar durante un período prolongado y correlacione esta con los datos meteorológicos de su región.
- Desarrolle un instrumento de medición propio para determinar la intensidad de la radiación solar.
- Calcule la cantidad de energía que el sol emite por segundo y compárela con el consumo de energía de la Tierra.
- Diseñe un concepto para una futura sonda espacial que investigue el sol de cerca.
- Organice un evento público para compartir su conocimiento sobre el sol y su importancia para nuestro sistema solar.
- Discuta con otros sobre las posibilidades y desafíos del uso de la energía solar.
- Cree una obra de arte que exprese la belleza y el poder del sol.
- Escriba una historia o un poema sobre el sol desde la perspectiva de otro cuerpo celeste.
- Reflexione sobre la importancia del sol para la vida en la Tierra y su relación personal con nuestra estrella.
- Diseñe un experimento mental que examine los efectos de una actividad solar alterada en la Tierra.

Revisión - 2. Nuestro Sistema Solar

Nuestro sistema solar ofrece una abundancia de objetos fascinantes para observar, desde los planetas rocosos en nuestra vecindad inmediata hasta los enigmáticos gigantes de hielo en los límites de nuestro sistema. Para explorar las maravillas del sistema solar con éxito, debe planificar estratégicamente sus observaciones y tener en cuenta las características específicas de cada objeto. Quizás comience su viaje con los planetas interiores. Preste atención al crepúsculo para descubrir Mercurio en la tenue luz. Venus, por otro lado, como el objeto más brillante en el cielo nocturno, es fácil de encontrar, pero su densa atmósfera oculta la superficie. Marte, a su vez, revela sus detalles mejor durante su oposición, cuando está especialmente cerca de la Tierra. Aproveche estas oportunidades para explorar los fascinantes detalles de la superficie de estos planetas con un telescopio.

Más allá del cinturón de asteroides, los gigantes gaseosos Júpiter y Saturno, junto con sus lunas y anillos, esperan su descubrimiento. Incluso un pequeño telescopio revela las bandas de nubes de Júpiter y el movimiento de sus lunas más grandes. El majestuoso sistema de anillos de Saturno es una vista inolvidable, incluso con un aumento bajo. Siga el movimiento de las lunas galileanas alrededor de Júpiter o intente reconocer la división de Cassini en los anillos de Saturno. Observar estos gigantes gaseosos ofrece una experiencia gratificante para astrónomos aficionados de todos los niveles de experiencia. Sin embargo, para observar los gigantes de hielo exteriores, Urano y Neptuno, necesitará telescopios más grandes y lugares de observación oscuros. Sus pálidas y azuladas discos son un desafío, pero recompensan al observador paciente con una vista de los planetas más lejanos de nuestro sistema.

La exploración de cuerpos más pequeños como asteroides y cometas requiere un enfoque diferente. Identifique los asteroides por su movimiento lento frente al fondo estelar. Planifique cuidadosamente su noche de observación, utilizando cartas estelares y software especializado para identificar candidatos potenciales. Documente sus observaciones y envíe sus mediciones astrométricas al Centro de Planetas Menores para contribuir a la investigación de asteroides. Los cometas, por otro lado, cambian dramáticamente su apariencia a medida que se acercan al sol. Observe y documente el desarrollo de la coma y la cola para comprender los fascinantes procesos que dan forma a estos viajeros helados. Rastrear cometas requiere paciencia y perseverancia, pero le recompensa con una visión única de la dinámica del sistema solar.

La observación de lluvias de meteoros y fenómenos solares también ofrece emocionantes oportunidades. Las lluvias de meteoros se observan mejor en una noche oscura con una vista despejada del cielo. Determine el radiante de la lluvia correspondiente y dirija su mirada hacia esa región del cielo. Anote la cantidad y el brillo de los meteoros y envíe sus datos a organizaciones como la IMO. Sin embargo, al observar el sol, se requiere la máxima precaución. Asegúrese de utilizar filtros especiales o métodos de proyección para proteger sus ojos de la dañina radiación solar. Documente manchas solares, protuberancias y eclipses para seguir la actividad de nuestra estrella y contribuir a proyectos de ciencia ciudadana.

La exploración de nuestro sistema solar es un viaje de descubrimiento continuo. Con el equipo adecuado, una planificación cuidadosa y una dosis de paciencia, usted también, como astrónomo aficionado, puede hacer una valiosa contribución y experimentar de cerca las maravillas de nuestro patio cósmico. Únase a esta emocionante comunidad y déjese inspirar por la belleza y complejidad del sistema solar.

3. Espacio Profundo

¿Qué se esconde en las oscuras extensiones más allá de nuestro sistema solar? El espacio profundo atrae con sus brillantes galaxias, nubes de gas luminosas y destellantes cúmulos estelares: un paraíso para cualquiera que se embarque en una aventura de descubrimiento con telescopio y cámara. Los modernos equipos de aficionados permiten hoy observaciones que hace apenas unas décadas estaban reservadas a la astronomía profesional. La documentación precisa de estos objetos cósmicos proporciona a la ciencia datos valiosos y amplía nuestra comprensión del universo. En este capítulo mostramos cómo se pueden explorar sistemáticamente los secretos del espacio profundo.

3. 1 Observar Galaxias

Observar galaxias más allá de nuestra Vía Láctea ofrece fascinantes perspectivas sobre la estructura del universo. La galaxia de Andrómeda, como vecino más cercano, ya es visible a simple vista, mientras que los cúmulos de galaxias más distantes requieren potentes telescopios y técnicas especiales. La identificación de estos objetos lejanos presenta desafíos para los astrónomos aficionados en cuanto a la elección del lugar, el instrumental y la interpretación de las observaciones. Además de la pura cantidad de galaxias, es importante reconocer sus diferentes morfologías y patrones de distribución espacial. El análisis de brillos, formas y emisiones de radio proporciona información valiosa sobre la composición y evolución de estas gigantescas estructuras. Sumérgete en el mundo de la astronomía extragaláctica y descubre la diversidad de galaxias en el espacio profundo.

La exitosa observación de galaxias, desde nuestra Vía Láctea hasta cúmulos de galaxias distantes, requiere la combinación de diversas técnicas de observación y la consideración de las características específicas de los objetos en cuestión.

Explorar la Vía Láctea

Nuestra galaxia, la Vía Láctea, se extiende a lo largo de 100,000 años luz y alberga miles de millones de estrellas, nebulosas y nubes de polvo. Su observación requiere tanto el ojo desnudo como instrumentos ópticos. A simple vista, la Vía Láctea aparece como una banda difusa y lechosa que se extiende por el cielo nocturno. Esta impresión se debe a la luz superpuesta de innumerables estrellas que están demasiado lejos para ser percibidas individualmente. El momento ideal para observarla es en noches sin luna, lejos de la lichtverschmutzung urbana. Busque un lugar con una vista despejada del cielo para captar la estructura de la Vía Láctea de manera óptima. Con unos binoculares, se pueden resolver cúmulos estelares y nebulosas más brillantes dentro de la Vía Láctea. Un telescopio permite observar estrellas individuales, cuyas colores y brillos varían. Entre otras cosas, con un telescopio también se pueden reconocer nubes de polvo oscuro que absorben la luz de las estrellas detrás de ellas, creando así estructuras de alto contraste. La Vía Láctea tiene una estructura espiral con varios brazos donde se encuentran regiones de formación estelar. Estas áreas brillan intensamente en el infrarrojo y en el rango de ondas de radio, y pueden ser observadas con telescopios adecuados. La posición de nuestro sistema solar se encuentra en el brazo de Orión, a unos 26,000 años luz del centro galáctico. El centro mismo está oculto por densas nubes de polvo en la luz visible, pero puede ser estudiado con radiotelescopios y telescopios infrarrojos. Allí se sospecha que hay un agujero negro supermasivo, Sagittarius A*, alrededor del cual orbitan estrellas a altas velocidades. La rotación de la Vía Láctea hace que todas las estrellas se muevan alrededor del centro galáctico. También nuestro sol tarda aproximadamente 230 millones de años en completar una órbita. El movimiento de las estrellas es complejo y está influenciado por la interacción gravitacional con otras estrellas y la distribución de la materia oscura. La materia oscura constituye una gran parte de la masa de la Vía Láctea, pero no puede ser observada directamente. Sin embargo, su presencia puede ser inferida a través de su efecto gravitacional sobre la materia visible. La exploración de la Vía Láctea proporciona importantes conocimientos sobre la formación y evolución de las galaxias. A través del análisis de la composición química de las estrellas, los astrónomos pueden deducir información sobre las primeras fases de la evolución galáctica. La distribución de los diferentes tipos de estrellas y cúmulos estelares ofrece información sobre los procesos dinámicos dentro de la Vía Láctea. La observación de nebulosas y regiones de formación estelar permite investigar los procesos de formación estelar. La Vía Láctea también es hogar de numerosos cúmulos globulares que se encuentran en el halo de la galaxia. Estos cúmulos estelares contienen algunas de las estrellas más antiguas de la Vía Láctea y, por lo tanto, ofrecen información valiosa sobre el desarrollo temprano de nuestra galaxia. Por ejemplo, puede observar el cúmulo globular M13 en la constelación de Hércules con un telescopio, que contiene varios cientos de miles de estrellas. La continua exploración de la Vía Láctea con telescopios cada vez más potentes y nuevos métodos de observación contribuye a profundizar nuestra comprensión de las galaxias y del universo en su conjunto. El descubrimiento de exoplanetas alrededor de estrellas en la Vía Láctea también plantea la cuestión de la existencia de vida más allá de la Tierra. La búsqueda de posibles señales de civilizaciones extraterrestres se centra, entre otras cosas, en la Vía Láctea como nuestro vecindario cósmico. La exploración de la Vía Láctea es, por lo tanto, no solo un desafío científico, sino también un viaje hacia los orígenes de nuestro sistema solar y los secretos del universo. A través de la observación y la investigación, podemos ampliar constantemente nuestro conocimiento sobre la Vía Láctea y obtener nuevos conocimientos sobre nuestra posición en el cosmos.

Exoplaneta [i36]

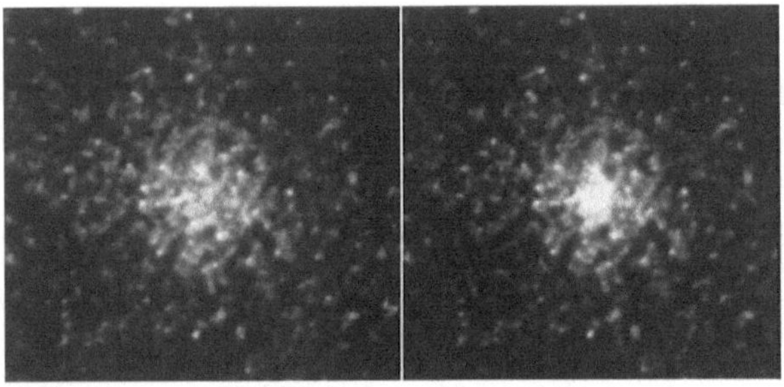

Cúmulo globular [i37]

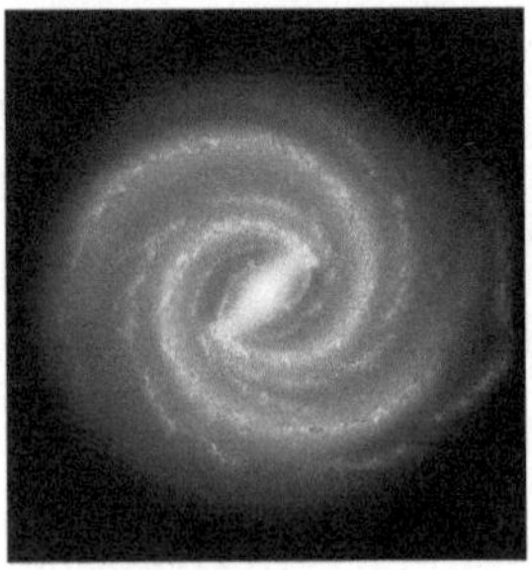

Radiotelescopio [i38]

Galaxia espiral [i39]

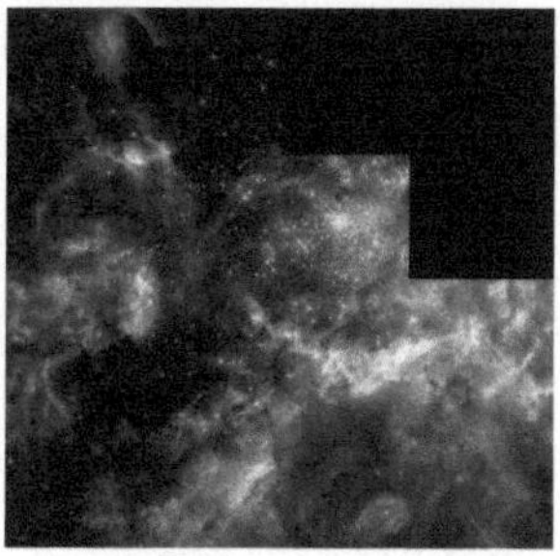

cúmulo estelar [i40]

Bueno saber

Cúmulos Globulares

Los cúmulos globulares son densas agrupaciones de cientos de miles a millones de estrellas que están gravitacionalmente unidas y se encuentran en el halo de las galaxias.

Exoplaneta

Un exoplaneta es un planeta que orbita alrededor de otra estrella que no es nuestro sol.

Halo

El halo de una galaxia es una región esférica que rodea la galaxia y está compuesta principalmente de cúmulos globulares, materia oscura y estrellas dispersas.

Infrarrojo

La radiación infrarroja es una radiación electromagnética que es invisible para el ojo humano. Los objetos cálidos, como las regiones de formación estelar, emiten radiación infrarroja.

Ondas de Radio

Las ondas de radio son ondas electromagnéticas de gran longitud de onda. Son emitidas por objetos astronómicos y pueden ser recibidas con radiotelescopios.

Telescopio Infrarrojo

Los telescopios infrarrojos son telescopios que reciben radiación infrarroja del espacio. Permiten observar objetos que están ocultos en la luz visible, como el centro de la Vía Láctea.

Población Estelar de la Vía Láctea

Distribución de tipos de estrellas en la Vía Láctea.

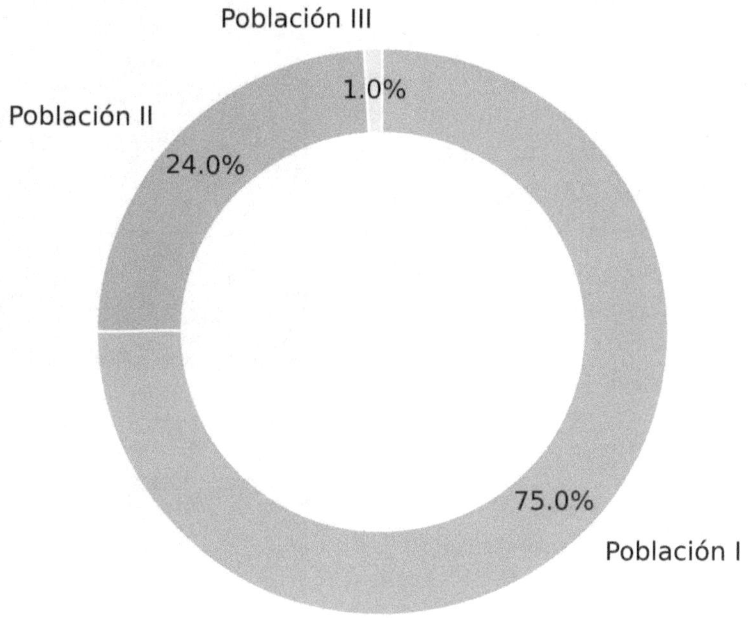

- Pob I: Población I (Jóvenes, Ricas en Metales)
- Pob II: Población II (Viejas, Pobres en Metales)
- Pob III: Población III (Hipotéticas, Primeras Estrellas)

Las estrellas de Población I, al ser más jóvenes y ricas en metales, se encuentran principalmente en los brazos espirales y el disco galáctico, lo que indica la formación continua de estrellas en estas regiones. La presencia significativa de estrellas de Población II, que son más antiguas y pobres en metales, sugiere una época de formación estelar mucho más temprana, principalmente en el halo y el bulbo galácticos. La proporción relativamente pequeña de estrellas de Población III, si es que se observa alguna, destaca su rareza y sus orígenes antiguos, representando potencialmente las primeras estrellas formadas en el universo.

Captar Andrómeda

La galaxia de Andrómeda, también conocida como M31, es la gran galaxia espiral más cercana a nuestra Vía Láctea, con una distancia de aproximadamente 800 kpc [s19]. Para captar Andrómeda, no necesita ni siquiera un telescopio bajo condiciones favorables. En un cielo oscuro, lejos de fuentes de luz molestas, es visible a simple vista como un débil punto nebuloso. Un par de prismáticos ya revela la forma ovalada de la galaxia y su núcleo brillante. Con un telescopio, se pueden observar más detalles, incluidos los brazos espirales y las bandas de polvo. El mejor momento para observar Andrómeda es durante los meses de otoño, cuando se encuentra alta en el cielo. Oriente su búsqueda hacia la constelación de Andrómeda, que se sitúa debajo del gran cuadrado de Pegaso. Dentro de esta constelación, siga una línea imaginaria desde las estrellas Mirach y Mu Andromedae para localizar la galaxia. La magnitud aparente de Andrómeda varía según las condiciones de observación y el instrumento, pero generalmente se sitúa en una magnitud de 3,4. A diferencia de las estrellas puntuales, Andrómeda aparece como un objeto extendido, lo que facilita su identificación. Además, el estudio

Galaxia de Andrómeda [i41]

Constelación de Andrómeda [i42]

de Andrómeda proporciona valiosos conocimientos sobre la dinámica y evolución de las galaxias. Por ejemplo, se han calculado parámetros de estabilidad de Andrómeda, con el valor más bajo en distancias galactocéntricas [s20]. La observación y el estudio de Andrómeda contribuyen así a una comprensión más amplia de los procesos en las galaxias y amplían nuestro conocimiento sobre el universo más allá de nuestra Vía Láctea.

Telescopio [i43]

Distancias galactocéntricas

La distancia galactocéntrica se refiere a la distancia de un objeto desde el centro de una galaxia. Se utiliza para determinar la posición de estrellas y otros objetos dentro de una galaxia.

Parámetros de estabilidad

Los parámetros de estabilidad en astronomía describen la capacidad de una estructura (por ejemplo, una galaxia o un cúmulo estelar) para mantener su forma y cohesión bajo la influencia de fuerzas internas y externas. Ayudan a entender cuán estable es un sistema frente a perturbaciones.

Galaxia espiral

Las galaxias espirales son un tipo de galaxias caracterizadas por sus brazos en espiral, que están compuestos de gas, polvo y estrellas. Nuestra Vía Láctea también es una galaxia espiral.

Kiloparsec (kpc)

Un kiloparsec es una unidad de longitud astronómica que equivale a 1.000 parsecs. Se utiliza para indicar las enormes distancias entre estrellas y galaxias. Un parsec equivale a aproximadamente 3,26 años luz.

Observando Andrómeda

Brillo y estructura de diferentes regiones dentro de la Galaxia de Andrómeda.

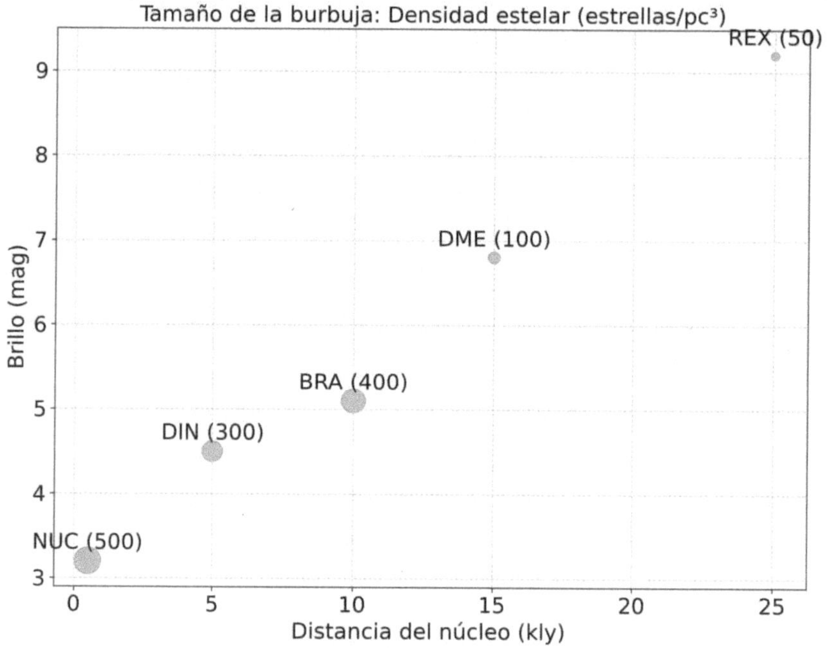

Blasengröße: Densidad Estelar (estrellas/pc3)

BRA: Brazo Espiral

DIN: Disco Interior

DME: Disco Medio

NUC: Región del Núcleo

REX: Región Exterior

Las regiones centrales exhiben un alto brillo y una estructura densa, lo que indica una concentración de estrellas. Las regiones exteriores muestran una disminución tanto en el brillo como en la densidad estructural, lo que sugiere una población estelar más dispersa. Las variaciones en el tamaño de las burbujas resaltan la distribución desigual de materia y luminosidad dentro de la galaxia.

Identificar cúmulos de galaxias

Los cúmulos de galaxias, enormes agrupaciones de galaxias unidas por su gravedad mutua, se pueden identificar en el cielo nocturno a través de diversas características. Un factor importante es su densidad espacial: las galaxias en un cúmulo aparecen notablemente más concentradas que en el espacio circundante. Mientras que las galaxias individuales pueden estar distribuidas a grandes distancias, los miembros del cúmulo se agrupan en un área relativamente pequeña. Esta concentración a menudo es visible incluso con telescopios de tamaño mediano. Otro indicio es la morfología de las galaxias en el cúmulo. Las galaxias elípticas son más comunes en los cúmulos que las galaxias espirales. Las causas de esto son complejas y están relacionadas con los procesos dinámicos dentro del cúmulo. La interacción entre las galaxias puede llevar a cambios morfológicos, como la formación de galaxias elípticas a partir de la fusión de galaxias espirales. Además de la observación óptica, las ondas de radio también ofrecen información sobre la estructura de los cúmulos de galaxias. La radiación de sincrotrón difusa y de gran área, conocida como halos de radio, sirve como indicador de los procesos de fusión dentro del cúmulo [s21]. Estos halos de radio, que se han descubierto en aproximadamente 50 cúmulos de galaxias, se generan por la aceleración de electrones en los campos magnéticos del cúmulo [s21]. El análisis de estas emisiones de radio, en combinación con el efecto Faraday en galaxias de radio de fondo, permite inferencias sobre la intensidad y el orden de los campos magnéticos intracúmulo [s21]. Por ejemplo, la intensidad total de los halos de radio se correlaciona con la fuerza del campo magnético, mientras que la polarización proporciona información sobre el orden del campo [s21]. Así, al combinar observaciones ópticas y de radio, puede refinar la identificación de cúmulos de galaxias y obtener una comprensión más profunda de sus propiedades físicas. Si busca en un área del cielo una concentración notable de galaxias, preste atención a la predominancia de galaxias elípticas y verifique la existencia de fuentes de radio difusas.

Galaxias elípticas [i44]

Cúmulo de galaxias [i45]

halo de radio [i46]

Campos magnéticos intracúmulo

Los campos magnéticos intracúmulo son campos magnéticos que existen en el espacio entre las galaxias de un cúmulo. Juegan un papel importante en la dinámica y evolución de los cúmulos de galaxias.

Galaxias elípticas

Las galaxias elípticas tienen una forma elipsoidal y generalmente contienen estrellas más viejas y poco gas. Son comunes en los cúmulos de galaxias.

Morfología

La morfología de una galaxia describe su forma y estructura externa, como espiral, elíptica o irregular.

Polarización

La polarización describe la dirección de oscilación de las ondas electromagnéticas. La polarización de las ondas de radio puede ser influenciada por campos magnéticos y proporciona información sobre su estructura.

Tamaño del Cúmulo de Galaxias vs. Distancia

Relación entre el tamaño observado y la distancia de los cúmulos de galaxias.

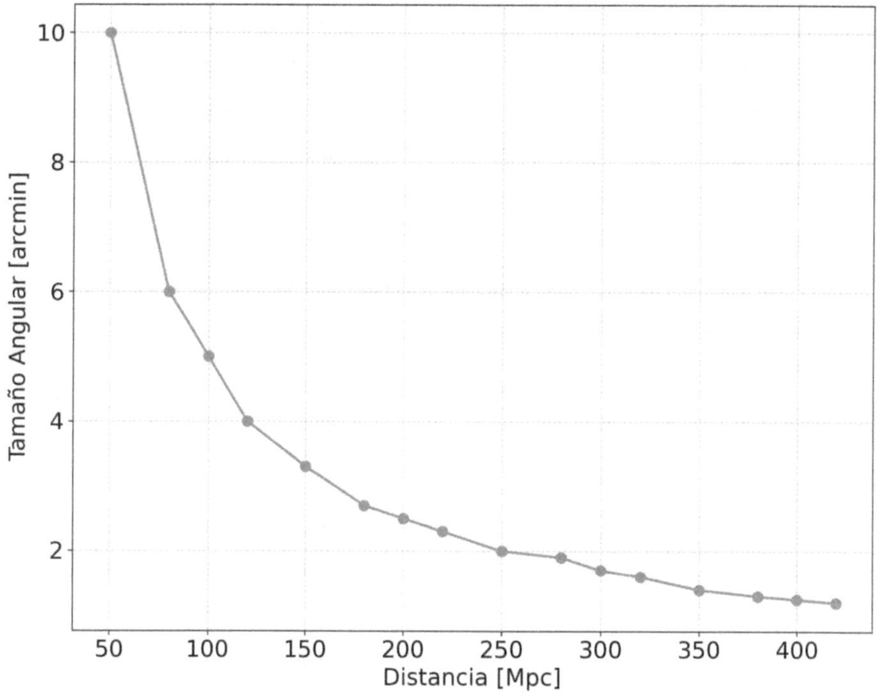

El gráfico muestra una tendencia en la que el tamaño aparente disminuye al aumentar la distancia. Esto es consistente con la expectativa de que los objetos parecen más pequeños cuanto más lejos están. Los cúmulos más grandes y distantes pueden parecer de tamaño similar a los cúmulos más pequeños y cercanos. Esto resalta la importancia de la medición de la distancia para determinar el tamaño real de los cúmulos.

Consejos concretos

- Elabore una lista de galaxias que desee observar, ordenadas por su visibilidad desde su ubicación.
- Experimente con diferentes tiempos de exposición y valores ISO de su cámara para capturar los débiles detalles de galaxias distantes.
- Utilice software de edición de imágenes para reducir el ruido en sus astrofotos y resaltar las estructuras de las galaxias.
- Visite regularmente sitios web y foros de astrofotógrafos para informarse sobre nuevas técnicas y descubrimientos.
- Compare sus propias fotos de galaxias con tomas profesionales para mejorar sus habilidades y encontrar nueva inspiración.
- Cree un mapa detallado de un cúmulo de galaxias seleccionado y marque los objetos más interesantes.
- Organice una noche de observación conjunta con otros astrónomos aficionados para explorar galaxias distantes y compartir experiencias.
- Documente sus observaciones y cree un archivo personal de sus fotos de galaxias, complementado con información sobre los respectivos objetos.
- Considere la posibilidad de adquirir un telescopio más grande o una cámara astrofotográfica especializada para profundizar aún más en el espacio.
- Desarrolle un interés especial por un tipo de galaxia en particular, como las galaxias Seyfert o las galaxias irregulares, y profundice su conocimiento al respecto.
- Realice charlas o presentaciones sobre sus observaciones y comparta su fascinación por las galaxias con un público más amplio.

3. 2 Documentar Nebulosas

Emisiones, reflexiones y nebulosas planetarias: su exitosa documentación presenta desafíos especiales para los astrónomos aficionados. La elección del lugar, la apertura del telescopio y la selección de filtros influyen de manera decisiva en la visibilidad de estos objetos a menudo débiles. La técnica adecuada determina el éxito, ya sea que se generen bocetos detallados o impresionantes astrofotografías. Este capítulo aborda los requisitos y dificultades específicos en la observación y documentación de los diferentes tipos de nebulosas. Desde la elección del equipo adecuado hasta la optimización del procesamiento de imágenes, aquí encontrará la información necesaria. Sumérjase en el fascinante mundo de las nebulosas y domine el arte de capturar su efímera belleza.

La elección del telescopio adecuado, los filtros y el lugar de observación, así como la consideración de las condiciones atmosféricas, son fundamentales para la exitosa documentación de nebulosas.

Nebulosas de emisión a rastrear

Las nebulosas de emisión brillan debido a la excitación de gases, principalmente hidrógeno, por estrellas calientes cercanas. Estas nebulosas a menudo aparecen rojizas en fotos, debido a la dominante emisión de hidrógeno alfa. Para una observación y documentación exitosa, hay varios factores a considerar. La elección del telescopio es crucial. Un refractor con una distancia focal corta y buena corrección de color es adecuado para observaciones detalladas de nebulosas más pequeñas. Los reflectores de gran diámetro recogen más luz, lo que es ventajoso para nebulosas débiles y extendidas. La apertura del telescopio determina la cantidad de luz que se recoge y, por lo tanto, la visibilidad de detalles débiles. Un telescopio con 200 mm de apertura muestra claramente más estructuras en una nebulosa que uno con 100 mm. La distancia focal influye en el campo de visión y el aumento. Las distancias focales cortas ofrecen grandes campos y son, por lo tanto, adecuadas para nebulosas extendidas, mientras que las distancias focales largas permiten aumentos más altos para observaciones detalladas de objetos más pequeños. La elección del lugar de observación correcto también es importante. La lichtverschmutzung por luz artificial reduce el contraste y dificulta la observación de nebulosas. Un lugar oscuro, alejado de las ciudades, es ideal. Busque lugares con un bajo valor Bortle, que cuantifica el brillo del cielo. Un valor de 1 representa un cielo extremadamente oscuro, mientras que 9 indica un cielo urbano con alta contaminación lumínica. Ya un lugar con Bortle 4 o mejor ofrece condiciones significativamente mejoradas para la observación de nebulosas. Las condiciones atmosféricas afectan la calidad de la imagen. Las turbulencias en el aire conducen a imágenes borrosas. Las noches con aire tranquilo, reconocibles por las pocas estrellas parpadeantes, son óptimas. La transparenz de la atmósfera, influenciada por neblina o nubes, determina la cantidad de luz que llega. Noches claras y sin luna ofrecen las mejores condiciones. El uso de filtros de nebulosa puede aumentar significativamente la visibilidad de las nebulosas de emisión. Estos filtros bloquean ciertas longitudes de onda de luz, entre otras de la iluminación pública, y permiten el paso de las líneas de emisión características de las nebulosas, aumentando así el contraste entre la nebulosa y el cielo de fondo. Existen diferentes tipos de filtros, como los filtros UHC (Ultra High Contrast), que permiten un amplio espectro de líneas de emisión, y filtros de banda estrecha, que se centran en líneas específicas como H-alfa u O-III. La elección del filtro depende del tipo de nebulosa y las condiciones. Un filtro O-III, por ejemplo, puede resaltar claramente las estructuras de la nebulosa de la mancuernas (M27). La documentación de las observaciones puede realizarse de varias maneras. Los bocetos en el telescopio capturan detalles y entrenan la vista. La fotografía permite la representación detallada de nebulosas. La astrofotografie requiere equipo y técnicas especiales, como tiempos de exposición largos y seguimiento del telescopio. El uso de una cámara astrofotográfica refrigerada reduce el ruido de la imagen y aumenta la sensibilidad. Los programas de edición de imágenes digitales permiten optimizar las imágenes y resaltar detalles. Una cuidadosa documentación de los datos de observación, como fecha, hora, datos del telescopio, filtros y condiciones, es esencial para el análisis posterior y la comparación con otras observaciones. El uso de un protocolo de observación astronómica puede ayudar a capturar sistemáticamente toda la información relevante. Además de las observaciones visuales y fotografías, se pueden realizar mediciones espectroscópicas para investigar la composición y las propiedades físicas de las nebulosas. La selección del objeto objetivo correcto también es relevante. Comience con nebulosas brillantes y fáciles de encontrar, como la nebulosa de Orión (M42) o la nebulosa de la Laguna (M8). Estos objetos ofrecen vistas impresionantes incluso en condiciones menos óptimas. Con la experiencia, puede aventurarse a objetos más difíciles, como nebulosas planetarias o débiles restos de supernova. Los mapas estelares, el software de planetario y los recursos en línea ayudan en la selección y localización de nebulosas. Preste atención a la declinación de la nebulosa. Los objetos con alta declinación están más altos en el cielo y son menos afectados por las perturbaciones atmosféricas. También considere la temporada. Ciertas nebulosas solo son visibles en momentos específicos del año.

Reflector [i47]

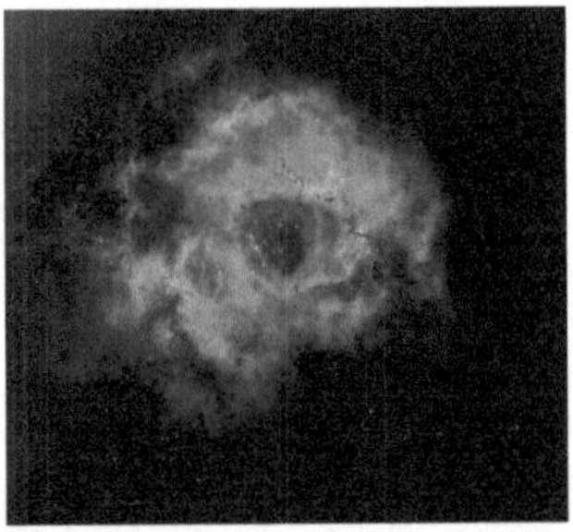

Filtro de nebulosa [i48]

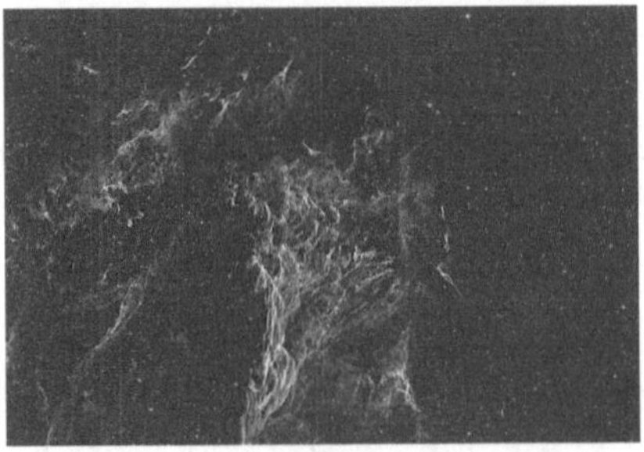

Filtro de banda estrecha [i49]

Bueno saber

Emisión de hidrógeno alfa

La emisión de hidrógeno alfa es una longitud de onda específica de luz (656,3 nanómetros) que se produce cuando los electrones en los átomos de hidrógeno caen de un nivel de energía más alto a uno más bajo. Esta emisión es característica de muchas nebulosas de emisión y a menudo les da un color rojizo.

Filtros de banda estrecha

Los filtros de banda estrecha permiten el paso de solo un rango muy estrecho de longitudes de onda, típicamente las líneas de emisión de ciertos elementos como hidrógeno o oxígeno.

Mediciones espectroscópicas

Las mediciones espectroscópicas analizan la luz de objetos astronómicos para obtener información sobre su composición, temperatura y movimiento.

Nebulosas de emisión

Las nebulosas de emisión son nubes interestelares de gas y polvo que emiten luz debido a la ionización de sus átomos por estrellas cercanas y energéticas. El color de la luz depende de la composición de la nebulosa y de la energía de la radiación ionizante.

Restos de supernova

Los restos de supernova son los restos en expansión de estrellas que han explotado como supernovas.

Análisis espectral de nebulosas de emisión

Comparación de líneas de emisión prominentes

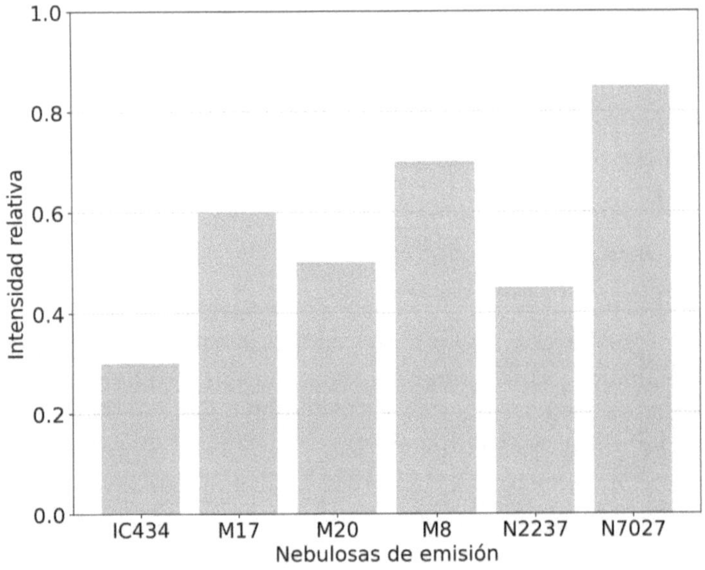

IC434: IC 434 (Nebulosa Cabeza de Caballo)

M17: Nebulosa Omega (M17)

M20: Nebulosa Trífida (M20)

M8: Nebulosa de la Laguna (M8)

N2237: Nebulosa Roseta (NGC 2237)

N7027: NGC 7027

Este gráfico revela variaciones significativas en la intensidad de diferentes líneas espectrales a través de las nebulosas observadas. NGC 7027 muestra una presencia particularmente fuerte de Oxígeno III, lo que indica altas temperaturas, mientras que la Nebulosa Roseta (NGC 2237) muestra una distribución más equilibrada entre Hidrógeno-alfa, Nitrógeno II y Azufre II, lo que sugiere un entorno más frío con una composición elemental diversa. La Nebulosa de la Laguna (M8) demuestra una emisión dominante de Hidrógeno-alfa, característica de las regiones de formación estelar activa.

Encontrar nebulosas planetarias

Líneas de emisión [i50]

Plano galáctico [i51]

Las nebulosas planetarias, restos de estrellas moribundas, no están relacionadas con los planetas a pesar de su nombre. Su formación marca el final de estrellas de masa similar a la del sol. Estas expulsan sus capas externas, que luego son excitadas a brillar por el núcleo caliente de la estrella moribunda. Localizar estos objetos a menudo débiles requiere técnicas especiales. Un factor crucial es el conocimiento de su distribución. Las nebulosas planetarias se concentran en dirección al plano galáctico y al Bulge [s22], es decir, la protuberancia central de nuestra galaxia. Estas regiones son ricas en estrellas, lo que dificulta la búsqueda, similar a buscar una flor específica en un denso bosque. La identificación de la estrella central que ilumina la nebulosa a menudo resulta difícil. Muchas de estas estrellas son ópticamente débiles y no siempre se encuentran en el centro geométrico de la nebulosa [s22]. Un telescopio de gran apertura recoge más luz, lo que permite detectar estas estrellas débiles. Aquí también se aplica: cuanto mayor es la apertura, mejor es la visibilidad. Un telescopio de 250 mm muestra más detalles que uno de 150 mm. El uso de filtros de nebulosa, especialmente filtros O-III, aumenta el contraste al permitir el paso de longitudes de onda específicas de la luz de las nebulosas mientras bloquea la luz perturbadora. Un filtro O-III resalta claramente las estructuras de una nebulosa planetaria al aislar las líneas de emisión del oxígeno doblemente ionizado. El brillo de las nebulosas planetarias ofrece una forma de determinar distancias. La función de luminosidad de nebulosas planetarias (PNLF) se basa en el conocimiento de que las nebulosas planetarias más brillantes tienen una luminosidad absoluta casi igual [s23]. Al comparar el brillo aparente con la luminosidad absoluta conocida, se puede estimar la distancia. Las más brillantes de estas nebulosas provienen de estrellas de baja a media masa, que moldean la PNLF durante aproximadamente un milenio [s23]. Por lo tanto, comprender la PNLF puede ser útil en la búsqueda y análisis de nebulosas planetarias. Además de mapas estelares y software de planetario, los recursos en línea como bases de datos y catálogos pueden ayudar en la identificación y localización de nebulosas planetarias. Estas bases de datos a menudo contienen información detallada sobre posición, brillo, tamaño y otras características que facilitan la búsqueda y ayudan a planificar la observación.

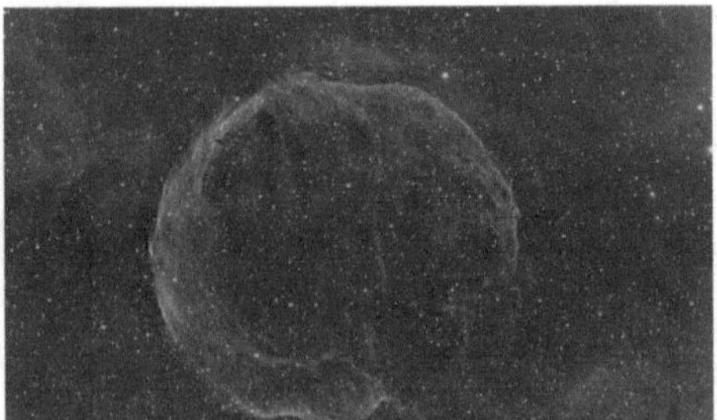

Filtro O-III [i52]

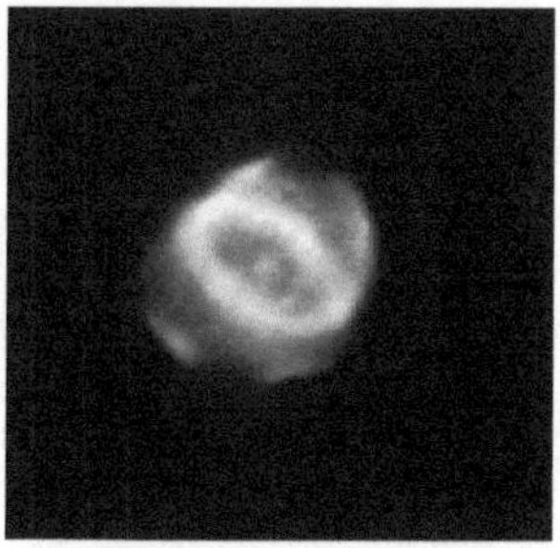

Estrella central [i53]

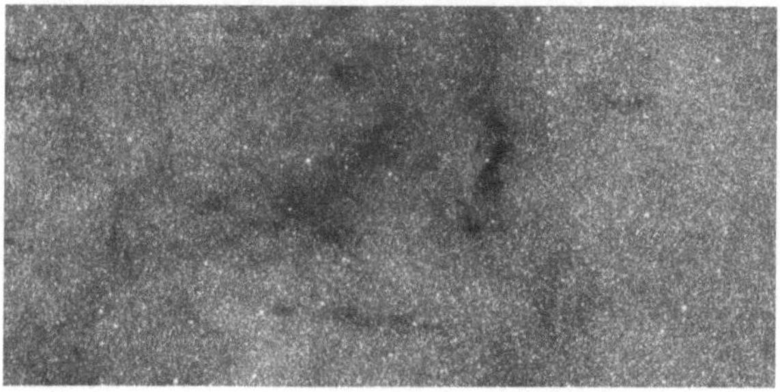

Bulbo [i54]

Brillo aparente

El brillo aparente indica cuán brillante aparece una estrella u otro objeto astronómico desde la Tierra. Depende de la verdadera luminosidad del objeto y de su distancia a la Tierra.

Líneas de emisión

Las líneas de emisión son líneas brillantes en el espectro de un objeto astronómico que se producen cuando los átomos emiten luz en longitudes de onda específicas. Proporcionan información sobre la composición química y el estado físico del objeto.

Luminosidad absoluta

La luminosidad absoluta es el brillo aparente que una estrella u otro objeto astronómico tendría si se encontrara a una distancia estándar de 10 parsecs (32,6 años luz) de la Tierra. Es una medida de la verdadera luminosidad del objeto.

Oxígeno doblemente ionizado

El oxígeno doblemente ionizado es oxígeno del cual se han extraído dos electrones. Se encuentra en nebulosas de gas caliente como las nebulosas planetarias y emite luz en longitudes de onda específicas que pueden ser aisladas con un filtro O-III.

Plano galáctico

El plano galáctico es el plano principal de una galaxia, donde se encuentran la mayoría de las estrellas, gas y polvo. Aparece como una estructura plana y en forma de disco.

Formas de nebulosas planetarias

Frecuencia de formas de nebulosas planetarias observadas

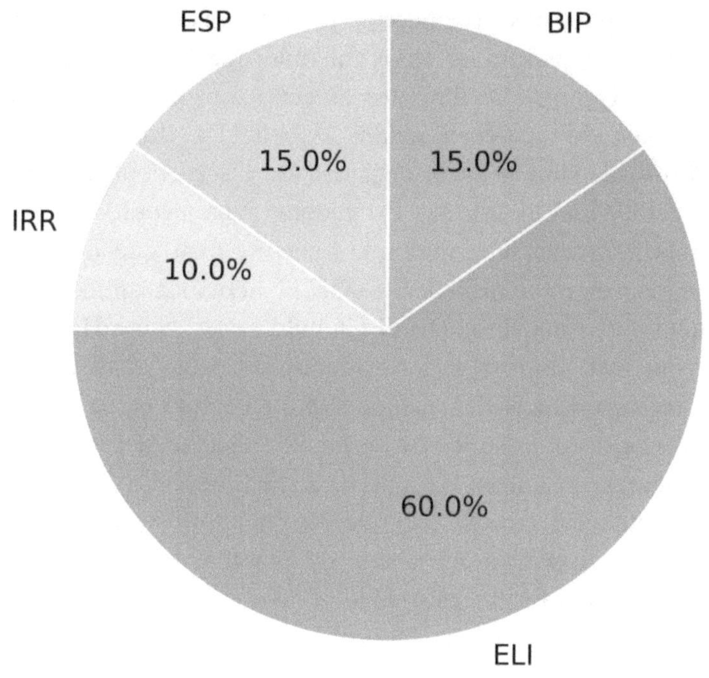

BIP: Bipolar
ESP: Espiral
ELI: Elíptica
IRR: Irregular

Las nebulosas elípticas son las más comunes, lo que sugiere procesos que favorecen esta morfología. Si bien las espirales y las formas irregulares ocurren con menos frecuencia, su presencia indica diversos mecanismos de formación e influencias, lo que justifica un estudio más a fondo para comprender los fenómenos físicos subyacentes.

Reconocer nebulosas de reflexión

Las nebulosas de reflexión se caracterizan por reflejar la luz de las estrellas, a diferencia de las nebulosas de emisión, que brillan por sí mismas. La luz de estrellas cercanas, generalmente gigantes azules o supergigantes, se dispersa en las partículas de polvo de la nebulosa. Estas partículas de polvo a menudo están compuestas de silicatos, grafito o hielo. El color azul se produce porque la luz azul se dispersa más que la roja, similar a la dispersión de Rayleigh, que da color al cielo diurno. Por lo tanto, las nebulosas a menudo aparecen azules o azuladas. La intensidad del color y el brillo dependen de la densidad de las partículas de polvo y de la luminosidad de la estrella excitadora. Una nebulosa densa con una estrella brillante aparece más intensamente azul que una nebulosa delgada con una estrella más débil. Así, la nebulosa alrededor de las Pléyades, también conocida como el Cúmulo de las Siete Hermanas, se presenta en un azul llamativo. Para identificar nebulosas de reflexión, es útil conocer su ubicación. A menudo se encuentran cerca de cúmulos estelares jóvenes o en regiones de formación estelar activa, donde hay estrellas brillantes y nubes de polvo disponibles. La proximidad a estrellas brillantes es crucial, ya que las nebulosas de reflexión no emiten su propia luz. Una mirada a un mapa estelar con nebulosas marcadas puede facilitar la búsqueda. Preste atención al color y la forma durante la observación. La coloración azulada es un indicio importante, así como la estructura difusa e irregular que se distingue de la apariencia puntual de las estrellas. A diferencia de las estructuras a menudo filamentosas de las nebulosas de emisión, las nebulosas de reflexión tienden a aparecer más suaves y uniformes. El uso de filtros no ofrece una ventaja significativa al observar nebulosas de reflexión en comparación con las nebulosas de emisión. Dado que la luz estelar reflejada tiene un espectro continuo, los filtros que bloquean longitudes de onda específicas también atenuarían la luz de la nebulosa. Sin embargo, la observación de nebulosas de reflexión se beneficia de un cielo oscuro y una buena transparencia de la atmósfera. Al igual que con la observación de nebulosas de emisión, un lugar alejado de la lichtverschmutzung urbana es ideal. Un telescopio de gran apertura recoge más luz, lo que permite percibir nebulosas más débiles y estructuras más sutiles. En la documentación a través de astrofotografie, se requieren tiempos de exposición largos para capturar suficiente luz y representar los débiles detalles de la nebulosa. La edición de imágenes puede ayudar a aumentar el contraste y resaltar los colores. Así, puede capturar la belleza de estos fascinantes objetos de manera óptima.

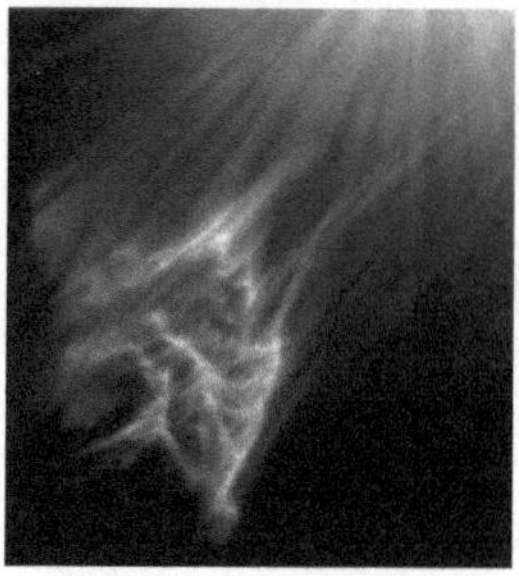

Pléyades [i55]

Astrofotografía [i56]

Dispersión de Rayleigh

La dispersión de Rayleigh describe la dispersión de radiación electromagnética (por ejemplo, luz) en partículas que son más pequeñas que la longitud de onda de la radiación. En el contexto de las nebulosas, provoca que la luz azul se disperse más que la luz roja, haciendo que las nebulosas de reflexión aparezcan azules.

Espectro continuo

Un espectro continuo contiene luz de todas las longitudes de onda, a diferencia de un espectro de líneas, que solo contiene longitudes de onda específicas. La luz estelar generalmente tiene un espectro continuo.

Pléyades

Las Pléyades, también conocidas como el Cúmulo de las Siete Hermanas o M45, son un cúmulo estelar abierto en la constelación de Tauro. Están rodeadas por una nebulosa de reflexión que aparece azul debido a la dispersión de la luz estelar en el polvo interestelar.

Silicatos

Los silicatos son un grupo de minerales que se basan en silicio y oxígeno y que a menudo se encuentran en las partículas de polvo de las nebulosas de reflexión. Contribuyen a la dispersión de la luz estelar.

Brillo Relativo de las Nebulosas

Brillo de nebulosas de reflexión comunes.

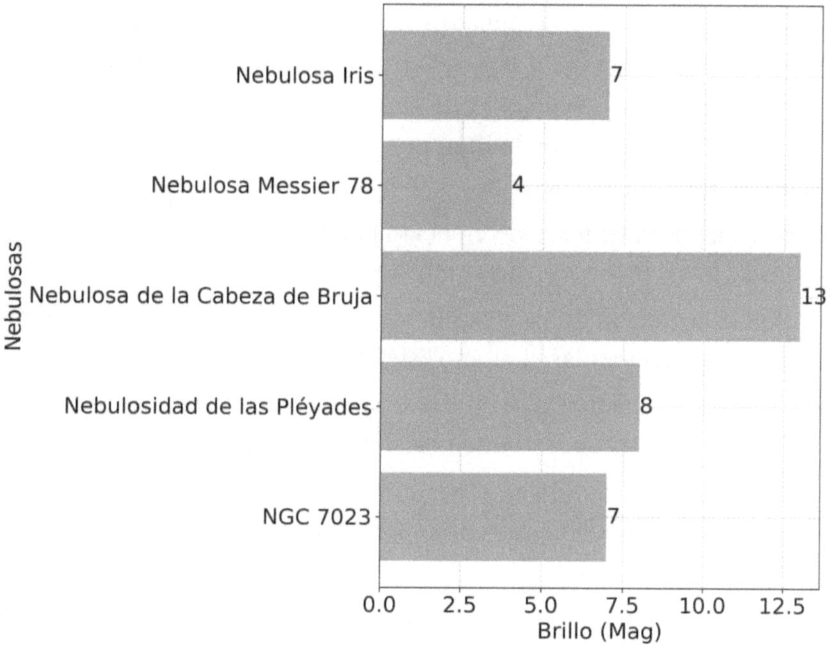

IRN: Nebulosa Iris

M78: Nebulosa Messier 78

NCB: Nebulosa de la Cabeza de Bruja

NGC: NGC 7023

NPL: Nebulosidad de las Pléyades

El gráfico de barras horizontal compara visualmente el brillo relativo de diferentes nebulosas de reflexión. La Nebulosa Cabeza de Bruja parece significativamente más tenue que las demás, lo que la convierte en un objetivo difícil de observar. La Nebulosidad de las Pléyades, por otro lado, cuenta con el mayor brillo, lo que indica su prominencia en el cielo nocturno. Las nebulosas restantes se encuentran dentro de un rango de brillo medio, lo que sugiere una visibilidad moderada con el equipo adecuado.

Consejos concretos

- Vincule la estructura de la niebla observada con formas conocidas de su vida cotidiana y documente esto visualmente.
- Realice una grabación de audio de sus pensamientos e impresiones durante la observación de la niebla, para capturar la atmósfera.
- Desarrolle un propio lenguaje simbólico para documentar los diferentes grados de luminosidad y estructuras dentro de la niebla.
- Compare sus observaciones de la niebla con representaciones artísticas de nieblas en la literatura o la pintura y anote las similitudes y diferencias.
- Escriba un breve texto de ciencia ficción que transcurra en la niebla observada e incorpore sus impresiones en la historia.
- Experimente con diferentes filtros de color frente a su cámara para alterar y documentar el efecto estético de la niebla.
- Cree una animación a partir de varias tomas individuales de la niebla para representar su aparente movimiento a lo largo del tiempo.
- Documente el cambio en la visibilidad de la niebla en función de las condiciones atmosféricas como la humedad y la temperatura.
- Compare sus observaciones con las de otros observadores y discuta las diferentes percepciones e interpretaciones.
- Diseñe un modelo tridimensional de la niebla observada, basado en sus observaciones y datos científicos disponibles.
- Investigue las historias mitológicas y significados que diferentes culturas asocian con las nieblas en el espacio.

3. 3 Analizar Cúmulos Estelares

El análisis de cúmulos estelares permite obtener profundas percepciones sobre los procesos de desarrollo estelar y la dinámica de estos sistemas complejos. Desde la determinación precisa de la posición de estrellas individuales hasta el análisis de su brillo y movimiento: desafíos como las altas densidades estelares y la separación de estrellas múltiples requieren técnicas e instrumentos especiales. Este capítulo proporciona las herramientas necesarias para descifrar los secretos de los cúmulos estelares abiertos y globulares, así como de sus sistemas estelares múltiples. Sumérgete en el fascinante mundo de los cúmulos estelares y amplía tu comprensión sobre los componentes de nuestra galaxia.

> *La combinación de datos astrométricos y fotométricos, complementada por análisis espectroscópicos y observaciones en diferentes rangos de longitudes de onda, proporciona una comprensión integral de la estructura, formación y evolución de los cúmulos estelares.*

Cartografiar cúmulos estelares abiertos

La cartografía de cúmulos estelares abiertos permite a los astrónomos estudiar su estructura, formación y evolución. Un paso importante es determinar con precisión la posición de cada estrella dentro del cúmulo. Esto se realiza mediante astrometrische_messungen, que capturan las coordenadas de las estrellas en el cielo. Los telescopios y detectores modernos proporcionan datos de alta precisión que pueden determinar las posiciones hasta fracciones de una segundo de arco. Estos datos forman la base para la creación de un mapa estelar del cúmulo. La distribución espacial de las estrellas en un cúmulo abierto proporciona información valiosa sobre su dinámica. Por ejemplo, las regiones centrales más densas pueden indicar interacciones gravitacionales. La identificación de flujos estelares, es decir, estrellas que se mueven juntas en una dirección específica, puede ofrecer pistas sobre encuentros pasados con otros cúmulos estelares o nubes interestelares. La cartografía también permite determinar el tamaño y la forma del cúmulo. Mientras que algunos cúmulos tienen una estructura esférica, otros son más irregulares. Estas diferencias pueden estar relacionadas con la edad y la historia de formación del cúmulo. Además de la posición, la luminosidad de cada estrella también es relevante. A través de mediciones fotométricas, se determina la luminosidad de las estrellas en diferentes rangos de longitud de onda. Estos datos permiten crear un diagrama de Hertzsprung-Russell (HRD) para el cúmulo. El HRD es una herramienta importante para determinar la edad. Los cúmulos jóvenes contienen muchas estrellas calientes y azules, mientras que los cúmulos más viejos están compuestos principalmente por estrellas más frías y rojas. La posición de las estrellas en el HRD también revela información sobre su masa y su etapa de desarrollo. Al combinar datos astrométricos y fotométricos, se puede crear una imagen completa del cúmulo. El movimiento de las estrellas dentro del cúmulo es otro aspecto importante. A través de mediciones de posición repetidas durante un período prolongado, los astrónomos pueden determinar el movimiento propio de las estrellas, es decir, su aparente movimiento en el cielo. Esta información es crucial para entender la dinámica interna del cúmulo. Por ejemplo, se pueden identificar estrellas que se alejan del cúmulo a alta velocidad. Estas llamadas estrellas fugitivas podrían haber sido expulsadas del cúmulo debido a interacciones gravitacionales. El análisis de los movimientos estelares también ayuda a determinar la masa total del cúmulo. La cartografía de cúmulos estelares abiertos no se limita solo a la luz visible. Las observaciones en otros rangos de longitud de onda, como el infrarrojo o los rayos X, también proporcionan información valiosa. Las observaciones en infrarrojo permiten descubrir estrellas que están ocultas por nubes de polvo. Las observaciones en rayos X pueden detectar estrellas jóvenes y calientes, así como restos de supernovas. La combinación de datos de diferentes rangos de longitud de onda proporciona una imagen más completa del cúmulo y su entorno. Un consejo práctico para el análisis de cúmulos estelares es el uso de software para el procesamiento de imágenes y análisis de datos. Programas como AstroImageJ o SAOImage DS permiten realizar mediciones astrométricas y fotométricas, crear HRDs y analizar el movimiento de las estrellas. Estas herramientas facilitan enormemente la cartografía y la interpretación de los datos. Por ejemplo, se pueden marcar las posiciones de las estrellas en una imagen del cúmulo y extraer sus coordenadas. El software calcula automáticamente las distancias entre las estrellas y crea un mapa del cúmulo. Al analizar la distribución de luminosidad en diferentes áreas del cúmulo, se pueden hacer inferencias sobre su estructura y densidad, comparándolo con el análisis de cúmulos de galaxias, donde se aplican métodos similares para determinar su masa y distribución de materia oscura. Los conocimientos obtenidos ayudan a comprender mejor la formación y evolución de los cúmulos estelares y a situar su papel en el contexto más amplio del desarrollo de las galaxias.

Estrellas fugitivas [i57]

Bueno saber

Diagrama de Hertzsprung-Russell (HRD)

El diagrama de Hertzsprung-Russell es un gráfico que muestra la relación entre la luminosidad y la temperatura superficial de las estrellas. Se utiliza para determinar la edad y el estado de desarrollo de las estrellas en un cúmulo estelar.

Estrellas fugitivas

Las estrellas fugitivas son estrellas que se alejan a alta velocidad de su lugar de origen, como un cúmulo estelar. Su movimiento puede ser causado por interacciones gravitacionales dentro del cúmulo.

Mediciones fotométricas

Las mediciones fotométricas determinan la luminosidad de las estrellas. En el análisis de cúmulos estelares, estas mediciones se utilizan para determinar la luminosidad de las estrellas y crear un diagrama de Hertzsprung-Russell que proporciona información sobre la edad, masa y estado de desarrollo de las estrellas.

Movimiento propio

El movimiento propio de una estrella es su aparente movimiento en el cielo a lo largo del tiempo. Al medir el movimiento propio de las estrellas en un cúmulo estelar, los astrónomos pueden investigar la dinámica interna del cúmulo e identificar, por ejemplo, estrellas fugitivas.

Análisis de cúmulos abiertos

Correlación entre la edad y la distancia de los cúmulos estelares abiertos.

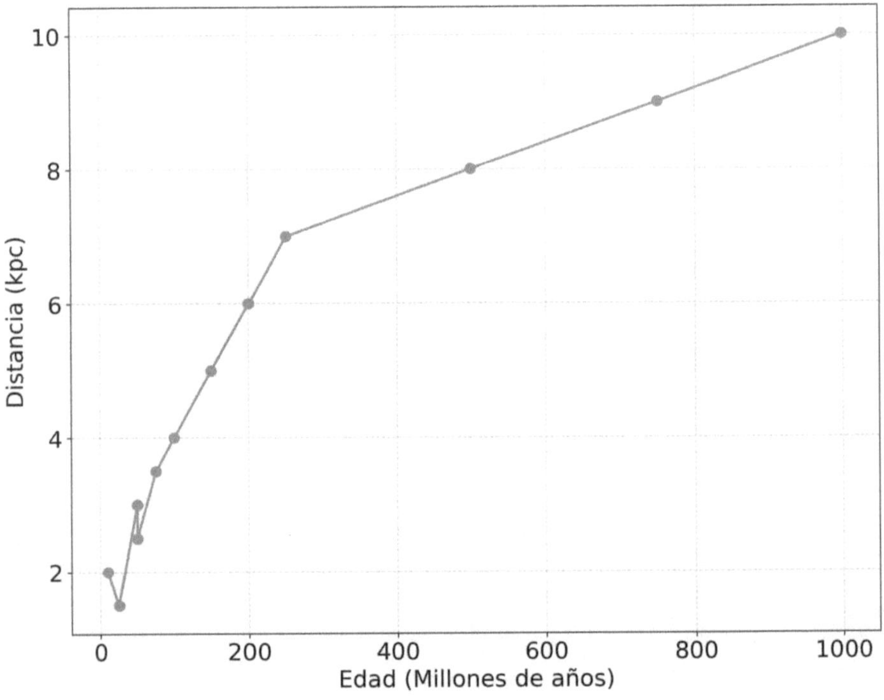

Este gráfico sugiere una posible correlación entre la edad y la distancia de los cúmulos abiertos. Los cúmulos más jóvenes tienden a estar más cerca del plano galáctico, mientras que los cúmulos más antiguos se encuentran a mayores distancias. Esto podría indicar que la formación de estrellas es más frecuente en ciertas regiones de la galaxia, o que los cúmulos migran hacia afuera con el tiempo.

Captar cúmulos globulares

La captura de cúmulos globulares requiere enfoques diferentes a los de la investigación de cúmulos abiertos. Su alta densidad estelar en el centro plantea requisitos especiales para la resolución de los instrumentos utilizados. Para poder diferenciar las estrellas en la región central, son indispensables telescopios de alta resolución y técnicas de imagen especializadas, como óptica adaptativa. Estas técnicas minimizan los efectos de las perturbaciones atmosféricas y permiten obtener imágenes más nítidas. Así, incluso en el centro más denso, las estrellas pueden ser separadas y medidas. La determinación de la posición de las estrellas en los cúmulos globulares también se realiza mediante astrometrische_messungen, que, al igual que en los cúmulos abiertos, proporcionan coordenadas precisas en el cielo. Sin embargo, el análisis de datos es más complejo, ya que el gran número de estrellas requiere una cuidadosa separación e identificación de las fuentes de luz individuales. Los mapas estelares resultantes muestran la distribución espacial de las estrellas y proporcionan información sobre la estructura del cúmulo globular. A menudo, se observa una distribución esféricamente simétrica con una densidad estelar creciente hacia el centro. Estas mediciones de densidad permiten inferencias sobre el campo gravitacional del cúmulo y su masa. El análisis de las luminosidades estelares mediante fotometría proporciona información sobre la composición de la población estelar. A diferencia de los cúmulos abiertos, los cúmulos globulares suelen estar compuestos por estrellas viejas y de baja masa. El hertzsprungrusselldiagramm_hrd de un cúmulo globular se diferencia notablemente del de un cúmulo abierto. Muestra un curso característico con una rama horizontal prominente, que indica la presencia de estrellas viejas y evolucionadas. A través del análisis de la posición de las estrellas en el HRD, los astrónomos pueden determinar la edad y la metallicidad del cúmulo globular. La metallicidad, la proporción de elementos más pesados que el hidrógeno y el helio, proporciona información sobre el desarrollo químico del cúmulo y su entorno. El movimiento de las estrellas en los cúmulos globulares también es un importante objeto de investigación. A través de la medición de las velocidades radiales, es decir, las velocidades a lo largo de la línea de visión y de los movimientos propios, de los movimientos en el cielo, se puede investigar la dinámica interna del cúmulo. Estos datos permiten modelar la distribución de masas en el cúmulo y verificar la presencia de posibles agujeros negros centrales. Algunos cúmulos globulares muestran signos de rotación, mientras que otros presentan movimientos más aleatorios. El análisis de estos patrones de movimiento proporciona valiosas pistas sobre la historia de formación y desarrollo del cúmulo.

La observación de cúmulos globulares en diferentes rangos de longitudes de onda, desde la luz ultravioleta hasta la infrarroja, amplía la comprensión de sus propiedades. Las observaciones en infrarrojo, por ejemplo, permiten ver a través de nubes de polvo y descubrir estrellas que están ocultas en la luz visible. Las observaciones en ultravioleta pueden detectar estrellas jóvenes y calientes, que son menos comunes en los cúmulos globulares, pero que proporcionan importantes pistas sobre procesos de formación estelar más recientes. La combinación de datos de diferentes longitudes de onda ofrece una imagen más completa del cúmulo y su compleja composición. Así, se puede investigar la distribución de diferentes poblaciones estelares dentro del cúmulo para reconstruir la historia de su formación y desarrollo. El análisis de los espectros de estrellas individuales permite determinar su composición química y proporciona más información sobre la historia de formación del cúmulo globular. A través de la combinación de todos estos datos y métodos de análisis,

espectro [i58]

podemos crear una imagen detallada de los cúmulos globulares y entender su papel en el contexto más amplio del desarrollo de las galaxias.

Bueno saber

Metallicidad

La proporción de elementos más pesados que el hidrógeno y el helio en una estrella o población estelar. Proporciona información sobre el desarrollo químico del objeto y su entorno a lo largo del tiempo. Una baja metallicidad indica una formación temprana, cuando el universo contenía menos elementos pesados.

Movimiento propio

El movimiento aparente de una estrella en el cielo, perpendicular a la línea de visión. Es una medida de la velocidad a la que una estrella se mueve en relación con el Sol.

Óptica adaptativa

Una técnica utilizada en astronomía para reducir los efectos de las turbulencias atmosféricas en la calidad de la imagen. Permite obtener imágenes más nítidas de los objetos celestes corrigiendo en tiempo real las distorsiones causadas por la atmósfera terrestre.

Velocidad radial

La velocidad de una estrella a lo largo de la línea de visión hacia el observador. Se mide mediante el efecto Doppler y es importante para investigar el movimiento de las estrellas en cúmulos y galaxias.

Análisis de cúmulos globulares

Tamaño, densidad y distancia de los cúmulos globulares.

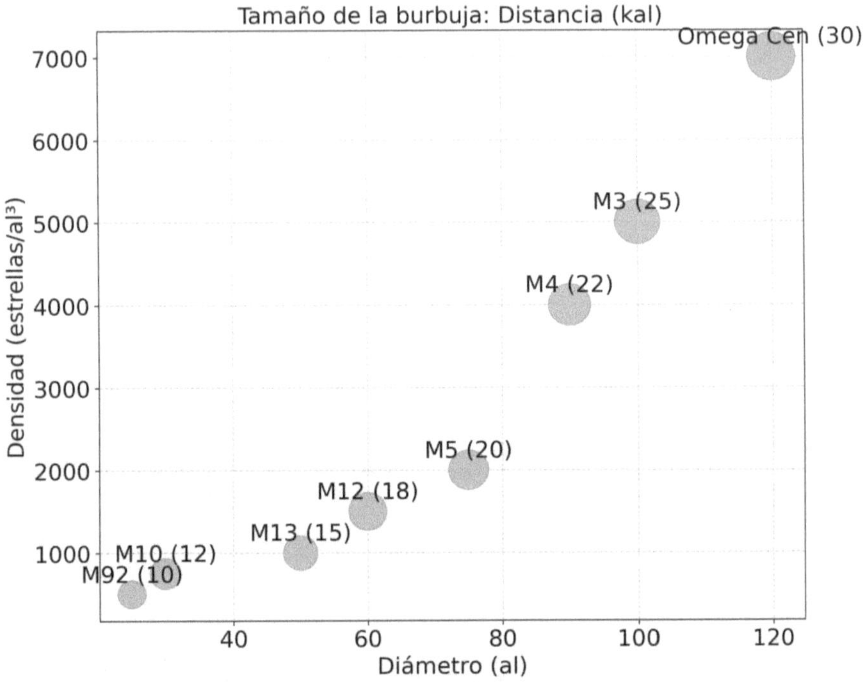

Blasengröße: Distancia (kal)

M10: Messier 10

M12: Messier 12

M13: Messier 13

M3: Messier 3

M4: Messier 4

M5: Messier 5

M92: Messier 92

Omega Cen: Omega Centauri

Este gráfico revela una correlación entre el tamaño y la densidad de los cúmulos globulares. Los cúmulos más grandes tienden a ser más densos, lo que sugiere una mayor fuerza gravitatoria. Además, la distancia no parece influir significativamente en el tamaño o la densidad, lo que indica que estas propiedades son intrínsecas a los propios cúmulos. Algunos valores atípicos sugieren una mayor investigación sobre su formación o evolución únicas.

Observar estrellas múltiples

Investigar sistemas estelares múltiples en cúmulos estelares ofrece valiosas perspectivas sobre la formación y evolución de las estrellas. Sin embargo, la observación de estos sistemas requiere procedimientos especiales para identificar y caracterizar los componentes individuales. Un primer paso consiste en la imagen de alta resolución para separar las estrellas individuales del sistema múltiple. La óptica adaptativa en telescopios modernos ayuda a corregir las distorsiones de imagen causadas por la atmósfera terrestre, mejorando así la resolución [s24]. De este modo, se pueden diferenciar estrellas que están muy cerca unas de otras y medir con precisión sus posiciones relativas. Además de la resolución espacial, el análisis espectral es crucial para identificar estrellas múltiples. Al examinar el espectro de luz de una estrella aparentemente única, se pueden detectar sutiles desplazamientos en las líneas espectrales causados por el movimiento de las estrellas entre sí. Estos desplazamientos Doppler proporcionan información sobre las radialgeschwindigkeiten de las estrellas y permiten determinar sus órbitas. La combinación de datos astrométricos y espectroscópicos permite una caracterización completa del sistema estelar múltiple, incluyendo el número de componentes, sus masas y sus períodos orbitales.

El estudio de estrellas múltiples en diferentes rangos de longitudes de onda, especialmente en el infrarrojo, puede proporcionar información adicional. Las observaciones en infrarrojo son especialmente útiles para investigar sistemas estelares múltiples que están incrustados en densas nubes de polvo, ya que la radiación infrarroja penetra más fácilmente el polvo que la luz visible [s24]. Así, incluso en regiones

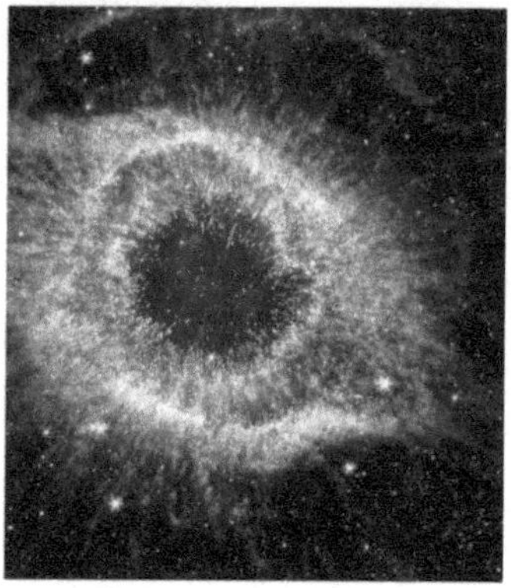

radiación infrarroja [i59]

altamente protegidas, se pueden analizar cúmulos estelares y determinar las características de las estrellas múltiples que contienen. Las mediciones de brillo de los componentes individuales de un sistema estelar múltiple en diferentes rangos de longitudes de onda proporcionan información sobre sus temperaturas y luminosidades. Estos datos pueden compararse con modelos de evolución estelar para determinar la edad y las etapas de desarrollo de las estrellas. El análisis de la distribución espacial de los sistemas estelares múltiples dentro de un cúmulo estelar puede ofrecer información sobre la formación y evolución de todo el cúmulo. Así, la frecuencia de estrellas múltiples en diferentes regiones del cúmulo puede proporcionar pistas sobre la dinámica y las interacciones gravitacionales dentro del cúmulo. Al combinar los datos de estrellas individuales y sistemas estelares múltiples, se puede crear una imagen detallada de la población estelar y su evolución dentro del cúmulo estelar. El estudio de las características de las estrellas múltiples en cúmulos estelares es, por lo tanto, una herramienta importante para comprender mejor los complejos procesos de formación estelar y la dinámica de los cúmulos estelares. Los conocimientos obtenidos contribuyen a reconstruir la evolución de las galaxias en su conjunto, ya que los cúmulos estelares actúan como bloques de construcción de las galaxias y afectan significativamente su desarrollo. Aunque la observación de sistemas estelares múltiples plantea altas exigencias para los instrumentos y los métodos de análisis, también ofrece un enorme potencial para nuevos descubrimientos y una comprensión más profunda de los procesos astrofísicos en el universo.

Bueno saber

Datos espectroscópicos

Información obtenida del análisis del espectro de luz de una estrella. Se puede utilizar para determinar la velocidad radial y la composición de las estrellas.

Imagen de alta resolución

La captura de imágenes con detalles muy finos para separar objetos cercanos como las estrellas en un sistema múltiple.

Modelos de evolución estelar

Modelos teóricos que describen cómo cambian las estrellas a lo largo del tiempo, desde su formación hasta su muerte. Ayudan a determinar la edad y el futuro desarrollo de las estrellas.

Observaciones en infrarrojo

Observaciones de objetos celestes en el rango de longitudes de onda infrarrojas de la luz. La luz infrarroja puede penetrar nubes de polvo, permitiendo la observación de estrellas ocultas en luz visible.

Distribución del sistema estelar en un cúmulo

Distribución de sistemas estelares por tipo en un cúmulo.

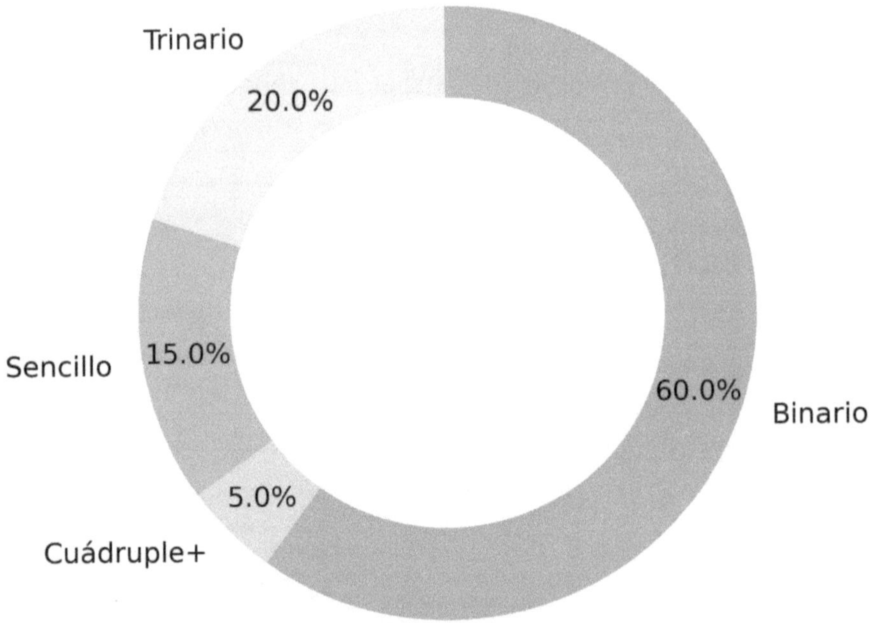

BIN: Sistemas estelares binarios

SEN: Sistemas estelares sencillos

CUA: Sistemas estelares cuádruples+

TRI: Sistemas estelares trinarios

Los sistemas binarios dominan este cúmulo estelar, lo que indica un entorno potencialmente dinámico listo para interacciones estelares. La presencia significativa de sistemas trinarios sugiere además dinámicas gravitacionales complejas dentro del cúmulo. La menor proporción de sistemas únicos y cuádruples+ podría deberse a sesgos observacionales o a procesos reales de formación y evolución de cúmulos que favorecen formaciones estelar múltiples.

Consejos concretos

- Compare la densidad estelar en el centro del cúmulo estelar con la del borde para obtener pistas sobre su evolución.
- Busque outliers en la distribución de brillo de las estrellas que puedan indicar desarrollos estelares inusuales.
- Simule el movimiento de las estrellas en el cúmulo para predecir su evolución futura.
- Cree un mapa tridimensional del cúmulo estelar para captar mejor su estructura espacial.
- Compare las características de diferentes cúmulos estelares para identificar similitudes y diferencias.
- Examine el entorno del cúmulo en busca de nubes de gas y polvo que puedan haber influido en su formación.
- Busque corrientes estelares que emanen del cúmulo y revelen su historia.
- Analice los colores de las estrellas en el cúmulo para determinar su temperatura y composición.
- Determine la edad del cúmulo estelar a partir de la distribución de las estrellas en el diagrama de Hertzsprung-Russell.
- Verifique si el cúmulo estelar es parte de una estructura más grande, como un grupo de galaxias.
- Investigue publicaciones científicas sobre el cúmulo estelar para ampliar su conocimiento.
- Desarrolle sus propias preguntas sobre el cúmulo estelar y trate de responderlas utilizando sus observaciones.
- Comparta sus resultados y hallazgos con otros astrónomos aficionados.

Revisión - 3. Espacio Profundo

"La mirada hacia las profundidades del universo siempre ha fascinado y nos ofrece a los astrónomos aficionados un campo casi infinito de posibilidades de observación. Desde nuestra galaxia natal, la Vía Láctea, hasta cúmulos de galaxias distantes, hay una multitud de objetos por descubrir. Sin embargo, la inmensidad del universo puede resultar intimidante. ¿Cómo orientarse en este océano cósmico? Este texto le ofrece recomendaciones prácticas que le ayudarán a planificar, llevar a cabo y documentar sus observaciones en el espacio profundo.

Un aspecto importante es la elección del equipo adecuado. Mientras que unos binoculares ya permiten un primer vistazo a cúmulos estelares y nebulosas más brillantes, un telescopio con mayor apertura ofrece la posibilidad de reconocer detalles más finos, como los brazos espirales de las galaxias o la estrella central de una nebulosa planetaria. El uso de filtros también puede mejorar significativamente la observación de ciertos objetos, como nebulosas de emisión, al filtrar longitudes de onda específicas de la luz y aumentar el contraste. Al seleccionar su equipo, considere también la documentación de sus observaciones. Los bocetos en el telescopio entrenan su capacidad de observación, mientras que la astrofotografía permite obtener imágenes impresionantes. Para esto, una cámara astrofotográfica refrigerada y un seguimiento preciso del telescopio son beneficiosos.

La elección del lugar de observación juega un papel crucial. Para capturar óptimamente los débiles objetos del espacio profundo, debe elegir un lugar lo más oscuro posible, alejado de la contaminación lumínica urbana. Preste atención a un bajo valor de Bortle y considere las condiciones atmosféricas. El aire tranquilo y las noches claras y sin luna ofrecen las mejores condiciones para observaciones exitosas. Planifique sus observaciones cuidadosamente y utilice cartas estelares, software de planetario y recursos en

4. Fenómenos Astrofísicos

¿Qué sucede cuando la materia cae en un agujero negro? Las enormes fuerzas en el universo moldean el espacio y el tiempo según leyes que superan nuestra comprensión cotidiana. Desde partículas microscópicas hasta las estructuras más grandes conocidas, actúan principios fundamentales que la moderna astronomía apenas ha comenzado a descifrar. En las siguientes páginas exploraremos estos fenómenos a través de resultados de investigación actuales y observaciones precisas. El viaje nos llevará a los enigmas más fascinantes del cosmos, cuya solución podría revolucionar nuestra comprensión del universo.

4. 1 Comprender el Espacio-Tiempo

La gravitación moldea fundamentalmente el universo. Para entender fenómenos astrofísicos como las órbitas de los planetas, las lentes gravitacionales o los agujeros negros, se necesita el concepto de espacio-tiempo. Este capítulo aborda la observación de los efectos de la gravitación y los desafíos asociados, como la detección de objetos invisibles o la explicación de la distribución de materia observada. Sumérgete en el fascinante mundo del espacio-tiempo y amplía tu comprensión del cosmos.

El espacio-tiempo no es un fondo estático, sino un tejido dinámico que es moldeado e influenciado por la masa y la energía, lo que se manifiesta en fenómenos observables como las órbitas de los planetas, las lentes gravitacionales, el corrimiento al rojo y las fuerzas de marea.

Observar los efectos de la gravedad

La gravedad moldea el universo e influye en el movimiento de todos los objetos, desde planetas hasta luz. Estos efectos se pueden observar de diversas maneras. Las trayectorias curvas de los planetas alrededor de las estrellas son un resultado directo de la gravedad. Los planetas son atraídos por la fuerza gravitacional de la estrella y se mueven en una elipse a su alrededor. La luna también orbita la Tierra debido a la gravedad. Su trayectoria también es una elipse, formada por la atracción de la Tierra. Otro efecto observable es la lente gravitacional. La masa curva el espacio-tiempo y la luz que atraviesa este espacio-tiempo curvado se desvía. Los cúmulos de galaxias, con su enorme masa, pueden doblar y amplificar la luz de objetos que se encuentran detrás, distorsionando o incluso haciendo que estos objetos sean visibles múltiples veces. Los astrónomos utilizan este efecto para estudiar galaxias distantes. También se puede medir el corrimiento al rojo de la luz debido a la gravedad. La luz pierde energía al escapar de un campo gravitacional fuerte. Esta pérdida de energía provoca un desplazamiento de la longitud de onda de la luz hacia el rojo, un fenómeno conocido como corrimiento gravitacional al rojo. Este efecto ha sido confirmado experimentalmente y es otra evidencia de la validez de la teoría general de la relatividad. Las fuerzas de marea también son una consecuencia de la gravedad. Se producen por la diferencia en la fuerza gravitacional en diferentes puntos de un objeto. La fuerza de atracción de la luna es más fuerte en el lado de la Tierra que mira hacia ella que en el lado opuesto. Esta diferencia da lugar a las mareas, el aumento y disminución periódico del nivel del mar. El sol también influye en las mareas, aunque en menor medida. Los agujeros negros son objetos de densidad extrema cuya gravedad es tan fuerte que ni siquiera la luz puede escapar. Aunque no son directamente visibles, los astrónomos pueden demostrar su existencia observando sus efectos en el entorno. La materia que cae en un agujero negro se calienta extremadamente y emite radiación X antes de cruzar el horizonte de eventos. El movimiento de las estrellas alrededor de un centro masivo e invisible

también indica la presencia de un agujero negro. Las ondas gravitacionales, pequeñas ondulaciones en el espacio-tiempo, se generan por la aceleración de masas. Estas ondas fueron detectadas directamente por primera vez en 2015 y abren una nueva ventana para la observación del universo. La fusión de dos agujeros negros o estrellas de neutrones genera ondas gravitacionales especialmente fuertes que pueden ser medidas con detectores especiales en la Tierra. A través del análisis de estas ondas, los científicos pueden aprender más sobre las propiedades de estos objetos extremos y la formación del universo. Un astrónomo aficionado puede no detectar ondas gravitacionales directamente, pero puede analizar los datos públicos de los observatorios de ondas gravitacionales y así participar en la investigación de estos fenómenos fascinantes. La expansión del universo también es un efecto de la gravedad, o más bien de su interacción con la energía oscura. La fuerza gravitacional se opone a la expansión, mientras que la energía oscura la acelera. La observación del corrimiento al rojo de galaxias distantes proporciona pistas sobre la tasa de expansión del universo y la relación entre la gravedad y la energía oscura. La medición de la aceleración de la caída en la Tierra es una forma sencilla de observar la gravedad. Con un péndulo, se puede determinar la aceleración de la caída con bastante precisión. La duración del oscilación de un péndulo depende de la longitud del péndulo y de la aceleración de la caída local. Al medir la duración de la oscilación y la longitud del péndulo, se puede calcular la aceleración de la caída. Esta simple medición demuestra el efecto de la fuerza de atracción de la Tierra.

Agujero Negro [i60]

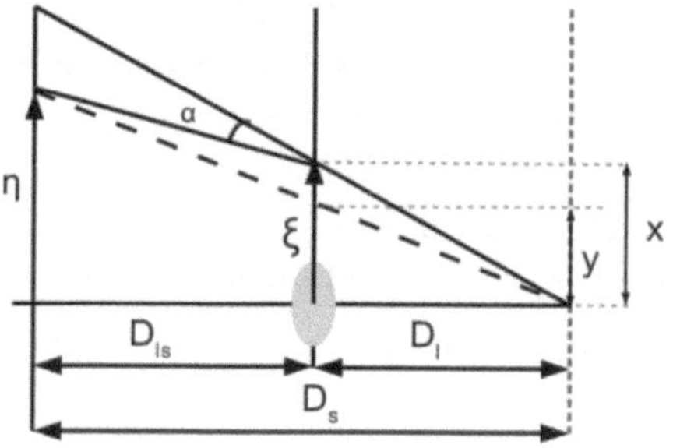

efecto de lente gravitacional [i61]

Estrella de neutrones [i62]

Aceleración de la caída

La aceleración de la caída es la aceleración que experimenta un objeto cuando está en caída libre bajo la influencia de la gravedad. En la Tierra, es aproximadamente 9.81 metros por segundo al cuadrado.

Ondas gravitacionales

Las ondas gravitacionales son pequeñas ondas en el espacio-tiempo generadas por la aceleración de masas, como en la colisión de agujeros negros. Se propagan a la velocidad de la luz y pueden ser medidas con detectores especiales.

Efecto de lente gravitacional

El efecto de lente gravitacional es un fenómeno en el que la luz de objetos distantes se curva y amplifica por la gravedad de objetos masivos, como cúmulos de galaxias. Esto lleva a imágenes distorsionadas o múltiples de los objetos lejanos y permite a los astrónomos ver objetos que de otro modo serían demasiado débiles.

Teoría general de la relatividad

La teoría general de la relatividad es una teoría de la gravedad desarrollada por Albert Einstein. Describe la gravedad como una curvatura del espacio-tiempo causada por masa y energía. La teoría predice fenómenos como la lente gravitacional y el corrimiento gravitacional al rojo.

Fuerza gravitacional vs. Distancia

Ilustra la ley del inverso del cuadrado de la gravedad.

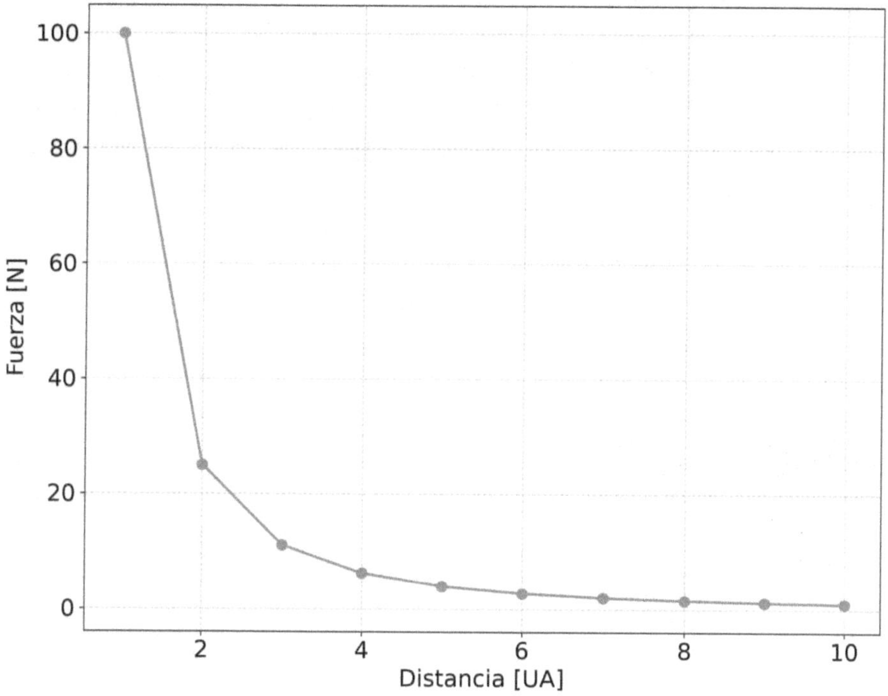

El gráfico demuestra que la fuerza gravitacional se debilita rápidamente a medida que aumenta la distancia. Un pequeño cambio en la distancia cerca de la fuente gravitacional tiene un impacto mucho mayor en la fuerza que el mismo cambio más lejos. Esto explica por qué las órbitas planetarias son estables, con la gravedad ejerciendo una mayor atracción cuando están más cerca de la estrella.

Detección de agujeros negros

La detección de agujeros negros es compleja debido a su naturaleza como objetos de los que no puede escapar ni la luz ni la materia. Por lo tanto, los astrónomos recurren a métodos indirectos que aprovechan los efectos de la inmensa gravedad de estos objetos. Un método central es la observación del movimiento de las estrellas cerca de los agujeros negros sospechosos. Las estrellas orbitan un centro invisible pero masivo, como un agujero negro, en trayectorias características. Las velocidades y los períodos orbitales de estas estrellas permiten inferir la masa del objeto central. Si esta masa supera un cierto valor, un agujero negro es la explicación más plausible. Por ejemplo, el análisis de las órbitas estelares en el centro de nuestra Vía Láctea proporcionó fuertes indicios de un agujero negro supermasivo llamado Sagittarius A*.
Otro enfoque es la detección de radiación de rayos X. Cuando la materia cae en un agujero negro, se forma un disco de acreción, donde la materia se calienta extremadamente por fricción. Esta materia caliente emite intensa radiación de rayos X, que puede ser medida con telescopios especiales. La intensidad y variabilidad características de estas emisiones de rayos X sirven como un indicador importante de la presencia de un agujero negro. Al combinar observaciones de rayos X con datos de otros rangos de longitudes de onda, incluidos las ondas de radio, los astrónomos obtienen una imagen más completa de los procesos en el entorno del agujero negro. Los efectos de lente gravitacional también pueden utilizarse para detectar agujeros negros. La enorme gravedad de un agujero negro deforma el espacio-tiempo a su alrededor de tal manera que actúa como una lente, desviando y amplificando la luz de objetos que están detrás. Este efecto puede hacer que estrellas o galaxias distantes aparezcan distorsionadas o incluso múltiples. El análisis preciso de estas distorsiones permite estimar la masa del agujero negro. Finalmente, las ondas gravitacionales, pequeñas distorsiones del espacio-tiempo

causadas por la aceleración de objetos masivos, ofrecen otra vía para detectar agujeros negros. La fusión de dos agujeros negros genera ondas gravitacionales especialmente fuertes que pueden ser registradas por detectores en la Tierra. El análisis de la forma y frecuencia de las ondas revela información sobre las masas y velocidades de rotación de los agujeros negros involucrados. Los interesados pueden analizar de forma independiente los datos de medición de los observatorios de ondas gravitacionales, que se ponen a disposición del público, y así participar en la investigación de estos fenómenos. De este modo, se puede derivar la masa de los agujeros negros a partir de los datos y compararla con las predicciones de la allgemeinen_relativitaetstheorie.

disco de acreción [i63]

Bueno saber

Agujero negro supermasivo

Un agujero negro con una masa que es millones o miles de millones de veces mayor que la del sol. A menudo se encuentran en el centro de las galaxias.

Disco de acreción

Un disco en espiral de gas y polvo que se forma alrededor de un agujero negro. La fricción en el disco calienta extremadamente la materia, que emite radiación de rayos X.

Efecto de lente gravitacional

La desviación de la luz por la gravedad de un objeto masivo, como un agujero negro. La luz de objetos detrás puede ser doblada y amplificada, haciendo que aparezcan distorsionados o múltiples.

Ondas gravitacionales

Ondas en el espacio-tiempo generadas por la aceleración de objetos masivos. La fusión de agujeros negros genera ondas gravitacionales especialmente fuertes.

Radiación de rayos X

Una radiación electromagnética de alta energía emitida por materia muy caliente, como la que se encuentra en un disco de acreción alrededor de un agujero negro.

Sagittarius A*

Un agujero negro supermasivo en el centro de nuestra Vía Láctea.

Detección de Agujeros Negros

Correlación entre masa, tamaño y actividad de los agujeros negros.

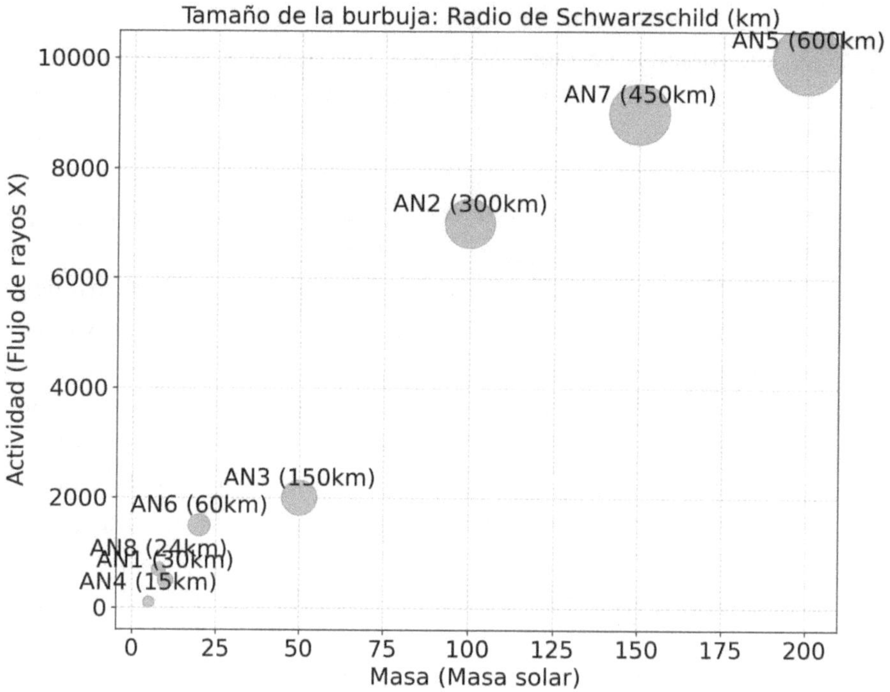

Blasengröße: Radio de Schwarzschild (km)

AN1: Agujero Negro 1 AN2: Agujero Negro 2

AN3: Agujero Negro 3 AN4: Agujero Negro 4

AN5: Agujero Negro 5 AN6: Agujero Negro 6

AN7: Agujero Negro 7 AN8: Agujero Negro 8

Los agujeros negros más grandes tienden a exhibir niveles de actividad más altos. Si bien algunos agujeros negros más pequeños también muestran una alta actividad, existe una clara tendencia que sugiere una correlación positiva entre la masa y la actividad. El tamaño del agujero negro parece directamente proporcional a su masa, como se esperaba.

Analizar la distribución de la materia

El análisis de la distribución de la materia en el universo es crucial para comprender su estructura y evolución. Los astrónomos utilizan diversos métodos para mapear la distribución de materia visible y oscura. La distribución de la materia visible, como estrellas y galaxias, se determina mediante observaciones telescópicas en diferentes longitudes de onda. Al medir las posiciones y velocidades de las galaxias, los científicos pueden reconstruir la estructura a gran escala del universo, compuesta por filamentos, grupos de galaxias y supergrupos. El estudio de la distribución de los grupos de galaxias permite inferir la distribución subyacente de la materia oscura, ya que esta influye significativamente en las estructuras del universo. La gravitationslinsenwirkung, la desviación de la luz por objetos masivos, también sirve como herramienta para mapear la distribución de la materia, ya que la magnitud de la desviación depende de la masa del objeto que desvía. Así, incluso estructuras invisibles como la materia oscura pueden hacerse visibles a través de su influencia gravitacional sobre la luz. Una perspectiva alternativa cuestiona la necesidad de materia oscura y energía oscura en el modelo ΛCDM y busca explicaciones para las anomalías observadas en la distribución de la materia mediante modificaciones de la teoría de la gravedad [s25]. Al combinar diversos métodos de medición y modelos teóricos, los investigadores intentan obtener una imagen más completa de la distribución de la materia en el universo y descifrar las fuerzas impulsoras detrás de su evolución. Al igual que en un rompecabezas, donde las piezas individuales representan la distribución de la materia, los científicos intentan ensamblar la imagen completa del universo y reconstruir su historia.

Bueno saber

Filamentos

Estructuras en forma de hilo compuestas de galaxias y grupos de galaxias que forman la red cósmica y representan las estructuras más grandes conocidas en el universo.

Grupos de galaxias

Agrupaciones de cientos a miles de galaxias que están unidas por la gravedad.

Teoría de la gravedad

Una teoría que describe la atracción entre masas. La más conocida es la Teoría de la Relatividad General de Albert Einstein.

Distribución de la materia en el universo

Composición de la densidad de energía del universo.

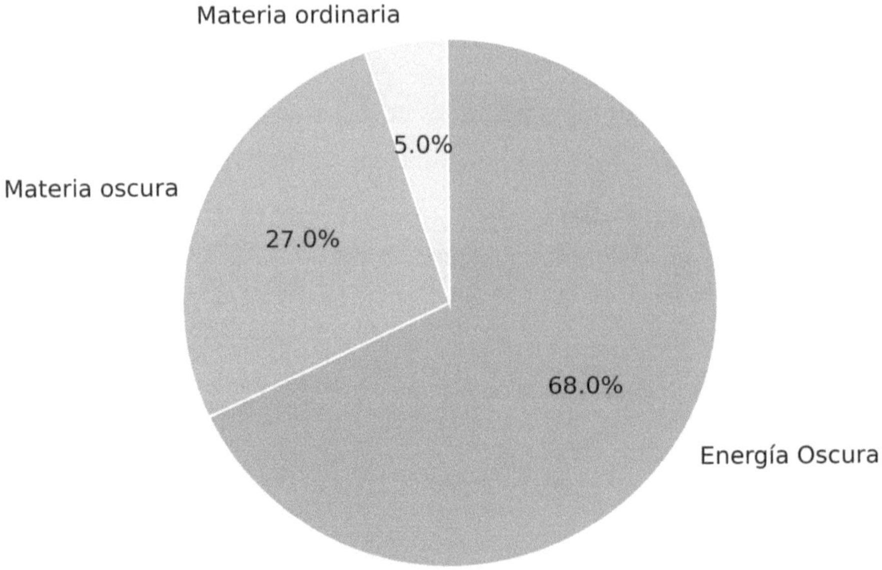

- EO: Energía Oscura
- MO: Materia oscura
- MOR: Materia ordinaria

La gran mayoría del contenido del universo no es materia visible como estrellas y galaxias. La energía oscura constituye la mayor parte, impulsando la expansión acelerada del universo. La materia oscura, aunque invisible, ejerce una influencia gravitatoria y constituye una porción significativa. La materia ordinaria, todo lo que podemos ver e interactuar, representa solo una pequeña fracción del inventario cósmico total.

Consejos concretos

- Imagina el espacio-tiempo como una tela tensa y coloca sobre ella esferas de diferentes pesos. Observa cómo las esferas deforman la tela.
- Ilustra el espacio-tiempo curvado alrededor de un agujero negro utilizando un embudo y observa cómo canicas desaparecen en espiral en él.
- Utiliza una banda elástica y dos pesos de diferentes tamaños para visualizar el corrimiento al rojo gravitacional: el peso más pesado estira más la banda elástica, simbolizando la elongación de la longitud de onda de la luz.
- Construye un modelo de un sistema estelar binario con objetos de diferentes masas y observa su movimiento alrededor del centro de masa común para entender los efectos de la gravedad en las órbitas estelares.
- Simula el efecto de lente gravitacional sosteniendo una esfera de vidrio frente a una fuente de luz y observa la distorsión de la luz.
- Investiga la historia del descubrimiento de las ondas gravitacionales y crea una línea de tiempo de los hitos más importantes.
- Sigue los resultados de investigación actuales sobre ondas gravitacionales y trata de captar la importancia de los últimos descubrimientos para la comprensión del espacio-tiempo.
- Discute con otros sobre las implicaciones filosóficas de la curvatura del espacio-tiempo y los límites de nuestra comprensión del universo.
- Desarrolla tu propia analogía para explicar de manera comprensible los complejos conceptos del espacio-tiempo y fenómenos astrofísicos.

4. 2 Radiación Cósmica

La radiación cósmica, partículas de alta energía del espacio, presenta desafíos para la astronomía y al mismo tiempo ofrece perspectivas únicas sobre el universo. La localización de sus fuentes requiere métodos sofisticados como los telescopios Cherenkov, que detectan la luz Cherenkov generada por la interacción de las partículas con la atmósfera terrestre. Al mismo tiempo, la radiación de fondo cósmico influye en las mediciones y debe ser considerada en el análisis. La medición de los flujos de partículas y su distribución de energía proporciona información adicional sobre el origen y los procesos físicos que generan esta radiación. Sumérgete en el fascinante mundo de la radiación cósmica y descubre los secretos de su origen y propagación.

El conocimiento preciso de la radiación de fondo es crucial para determinar las verdaderas características de las fuentes de radiación extragalácticas, ya que actúa como una neblina cósmica que afecta la visibilidad de estas fuentes.

Localizar fuentes de radiación

La localización de fuentes de radiación en el universo es una tarea compleja que requiere diversos métodos, dependiendo del tipo de radiación y de la distancia de la fuente. Al buscar fuentes de radiación de alta energía, como las fuentes de radiación cósmica, los telescopios Cherenkov juegan un papel crucial. Estos telescopios no detectan la radiación en sí, sino la llamada luz Cherenkov, que se produce cuando partículas de alta energía del espacio exterior entran en la atmósfera terrestre e interactúan allí a la velocidad de la luz. La dirección e intensidad de esta luz permiten inferencias sobre el origen de las partículas originales. [s26]
Un factor importante en la localización de fuentes de radiación extragalácticas es la consideración de la radiación de fondo. Esta radiación, predominantemente en el rango óptico e infrarrojo, influye en la propagación de fotones de alta energía. Así como la niebla afecta la visibilidad de objetos distantes, la radiación de fondo puede absorber los fotones de alta energía en su camino hacia la Tierra. Este efecto se denomina opacidad y debe ser considerado al analizar datos espectrales para determinar correctamente la verdadera energía y origen de la radiación. [s26] Así, una fuente podría parecer más débil de lo que realmente es, porque parte de su radiación se ha perdido en el camino hacia nosotros. Conocer la radiación de fondo permite corregir este efecto y reconstruir el brillo real de la fuente. El análisis de la radiación de fondo en sí también proporciona información valiosa sobre la estructura del universo. Estudios han demostrado que la radiación de fondo observada proviene esencialmente de galaxias ya conocidas. [s26] Esto significa que hasta ahora no hay indicios de cantidades significativas de radiación de fondo difusa de fuentes desconocidas. Este hallazgo simplifica la búsqueda y localización de fuentes de radiación de alta energía, ya que los efectos de la radiación de fondo sobre la propagación de la radiación pueden ser modelados y corregidos con mayor precisión. Por lo tanto,

el conocimiento preciso de la radiación de fondo no solo es importante para la localización de fuentes individuales, sino también para comprender la estructura a gran escala del universo y la distribución de galaxias. Al combinar observaciones con telescopios Cherenkov y el análisis de la radiación de fondo, los astrónomos pueden determinar cada vez con mayor precisión la posición y características de las fuentes de radiación extragalácticas, creando así una imagen más completa del universo de alta energía. La corrección de los efectos de opacidad permite reconstruir los espectros intrínsecos de las fuentes y, por lo tanto, comprender mejor sus propiedades físicas. Al igual que en una foto borrosa que se agudiza mediante software, los astrónomos pueden obtener una imagen más clara de las fuentes de radiación distantes.

radiación de fondo [i64]

radiación de Cherenkov [i65]

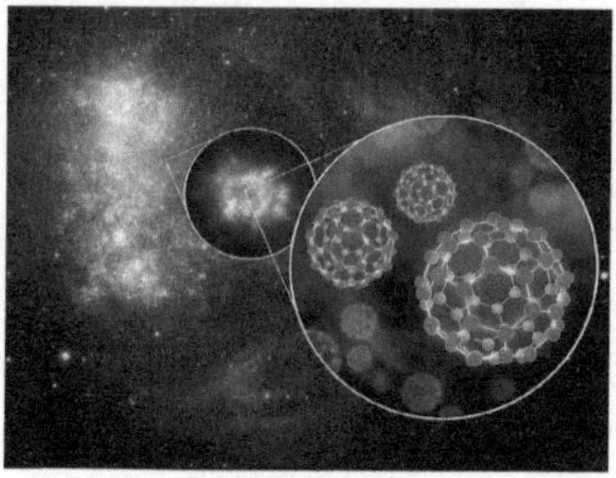

Fuente de radiación extragaláctica [i66]

Bueno saber

Datos espectrales

Información sobre la intensidad de la radiación en diferentes longitudes de onda (colores), que proporciona información sobre la composición y propiedades de la fuente de radiación.

Intrínseco

Se refiere a las propiedades reales y no alteradas de un objeto, en contraste con las propiedades observadas que pueden estar alteradas por influencias externas.

Extragaláctico

Se refiere a objetos o fenómenos que se encuentran fuera de nuestra galaxia, la Vía Láctea.

Luz Cherenkov

Un resplandor azulado que se produce cuando partículas cargadas se mueven más rápido que la velocidad de la luz en un medio (por ejemplo, la atmósfera terrestre). Se utiliza para determinar la dirección y energía de partículas de alta energía del espacio.

Radiación de fondo

La radiación omnipresente en el universo, que proviene de diversas fuentes y puede influir en la observación de objetos lejanos.

Telescopio Cherenkov

Un telescopio especial que detecta la luz Cherenkov para observar indirectamente partículas de alta energía del espacio y determinar su origen.

Comparación de la Intensidad de Rayos Cósmicos

Intensidad relativa de varias fuentes de rayos cósmicos

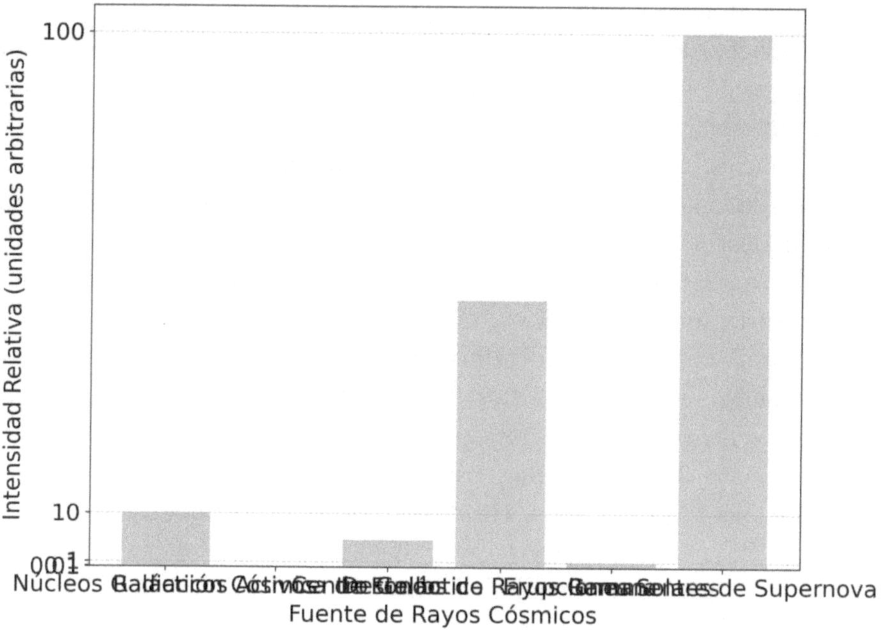

CG: Centro Galáctico

ES: Erupciones Solares

RCF: Radiación Cósmica de Fondo

DRG: Destellos de Rayos Gamma

NGA: Núcleos Galácticos Activos

RS: Remanentes de Supernova

El gráfico destaca la diferencia significativa en la intensidad de los rayos cósmicos de diversas fuentes. Los remanentes de supernova se muestran como la fuente más intensa entre las enumeradas, mientras que las erupciones solares, aunque potentes, contribuyen con una cantidad comparativamente menor. La radiación de fondo difusa representa un bombardeo constante, pero menos intenso, de rayos cósmicos.

Reconocer patrones de energía

El reconocimiento de patrones de energía en la radiación cósmica proporciona valiosas perspectivas sobre los procesos en el universo. El análisis de la distribución de energía – es decir, qué proporción de partículas de qué energía se presenta – permite inferencias sobre la naturaleza de la fuente y los mecanismos que conducen a la aceleración de las partículas. Por ejemplo, las explosiones de supernova muestran espectros de energía característicos que se diferencian de los de los núcleos galácticos activos. La energía de la radiación cósmica abarca un rango extremadamente amplio, desde el rango de ondas de radio hasta energías extremadamente altas, que son millones de veces superiores a las alcanzables en aceleradores de partículas terrestres. Esta distribución no es uniforme, sino que presenta ciertas estructuras que indican diferentes mecanismos de origen. Un aspecto importante es la identificación de picos o acumulaciones en ciertos rangos de energía. Estos pueden indicar la presencia de tipos específicos de partículas o procesos resonantes en la aceleración. Al igual que una huella dactilar, estos patrones de energía pueden ser utilizados para identificar y clasificar diferentes fuentes de radiación cósmica. La medición precisa de estos patrones requiere detectores altamente sensibles y métodos de análisis sofisticados. Al combinar datos de diferentes telescopios y detectores, se puede obtener una imagen más completa de la distribución de energía. El cambio temporal de los patrones de energía también es de gran importancia. Por ejemplo, brotes repentinos de radiación gamma pueden estar acompañados de distribuciones de energía características que indican la formación de un agujero negro o un estallido gamma. La monitorización continua del espectro de energía permite identificar tales eventos transitorios y estudiar sus características. A través del análisis del desarrollo temporal de la distribución de energía, se pueden hacer inferencias sobre la dinámica de los procesos subyacentes. La interacción de la radiación cósmica con el gas y el polvo interestelar también influye en los patrones de energía observados. Las partículas de alta energía pueden perder energía al atravesar el medio interestelar, lo que lleva a un cambio en el espectro. Este efecto debe ser considerado al interpretar los datos para reconstruir las propiedades originales de la radiación. Así, la atenuación de la radiación en ciertos rangos de energía puede proporcionar información sobre la densidad y composición del medio interestelar. Por lo tanto, el estudio de los patrones de energía de la radiación cósmica es relevante no solo para entender las fuentes mismas, sino también para explorar el espacio interestelar y el espacio intergaláctico. El desarrollo de nuevos métodos de detección y técnicas de análisis juega un papel crucial en el avance de este campo de investigación. La mejora en la resolución de energía y el aumento de las áreas de detección permiten identificar estructuras cada vez más finas en el espectro de energía y determinar las propiedades de la radiación cósmica con mayor precisión. Así, la investigación de los patrones de energía de la radiación cósmica contribuye a una mejor comprensión de los procesos fundamentales en el universo y proporciona nuevas perspectivas sobre la formación y evolución de estrellas, galaxias y otros objetos cósmicos. El análisis de la distribución angular de la radiación entrante, en combinación con la información de energía, permite identificar estructuras anisotrópicas, es decir, direcciones desde las cuales proviene una mayor cantidad de radiación de ciertas energías. Estas anisotropías pueden ofrecer pistas sobre fuentes cercanas o sobre la estructura del campo magnético galáctico, que influye en las trayectorias de las partículas cargadas. Al mapear estas anisotropías, se puede crear una imagen tridimensional de la distribución de la radiación cósmica en el espacio.

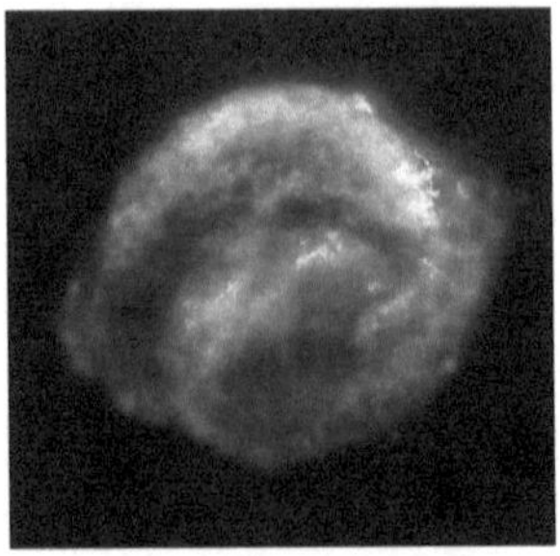

Supernova [i67]

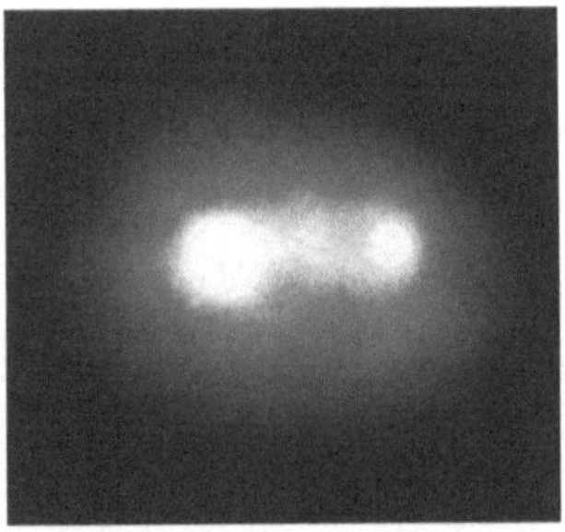

Núcleo galáctico activo [i68]

Bueno saber

Campo magnético galáctico

El campo magnético galáctico es un campo magnético que atraviesa toda la galaxia. Influye en el movimiento de partículas cargadas de la radiación cósmica.

Espacio intergaláctico

El espacio intergaláctico es el espacio entre las galaxias. Es significativamente más vacío que el medio interestelar, pero aún contiene pequeñas cantidades de gas y polvo. Aquí, la radiación cósmica también puede interactuar con la materia.

Supernova

Una supernova es la explosión de una estrella al final de su vida. Se libera una enorme cantidad de energía y las partículas son aceleradas a altas velocidades, contribuyendo a la radiación cósmica.

Medio interestelar

El medio interestelar es el espacio entre las estrellas en una galaxia. Está compuesto de gas y polvo. La radiación cósmica interactúa con este medio, lo que influye en su distribución de energía.

Núcleo galáctico activo

Un núcleo galáctico activo es un centro extremadamente energético de una galaxia, impulsado por un agujero negro supermasivo. Estos núcleos pueden expulsar potentes chorros que aceleran partículas y contribuyen a la radiación cósmica.

Intensidad de Radiación Cósmica

Comparación de la intensidad de diferentes radiaciones cósmicas.

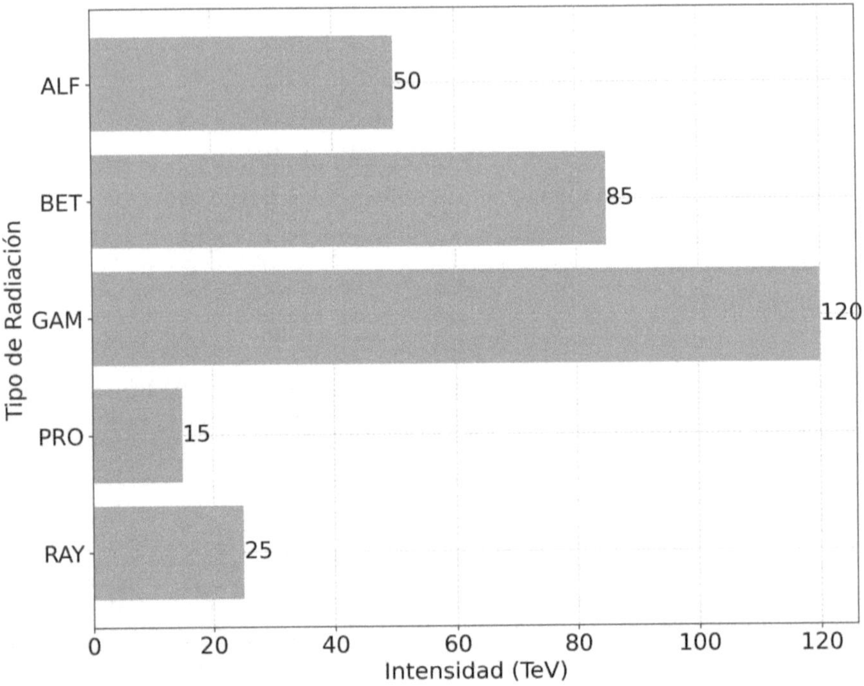

ALF: Radiación Alfa

BET: Radiación Beta

GAM: Radiación Gamma

PRO: Protones

RAY: Rayos X

El diagrama de barras horizontal visualiza las diferentes intensidades de varios tipos de radiación cósmica. La radiación gamma de alta energía muestra la mayor intensidad, seguida de los protones. Las radiaciones alfa y beta muestran intensidades significativamente más bajas. Esto ilustra el predominio de ciertos tipos de radiación en el espectro cósmico.

Medir flujos de partículas

La cuantificación de flujos de partículas, es decir, la medición del número de partículas que atraviesan un área determinada por unidad de tiempo, es esencial para comprender fenómenos astrofísicos. Se utilizan diferentes tipos de detectores, cada uno con fortalezas y debilidades específicas. Contadores de centelleo, por ejemplo, registran los destellos de luz que se producen cuando una partícula interactúa con el material de centelleo. Detectores de semiconductores miden la carga generada por radiación ionizante en el material semiconductor. Estos detectores difieren en su sensibilidad a diferentes tipos de partículas y rangos de energía. Así, los detectores de neutrones son especialmente adecuados para medir flujos de neutrones, mientras que otros detectores están especializados en partículas cargadas como protones o electrones. La elección del detector adecuado depende de la pregunta de investigación específica. Por ejemplo, si se desea investigar la componente de alta energía de la radiación cósmica, se utilizan diferentes detectores que para el análisis del viento solar. [s27] La posición de los detectores influye significativamente en los resultados de las mediciones. Las estaciones de medición en tierra solo capturan partículas que pueden atravesar la atmósfera. Experimentos con globos y observatorios espaciales permiten mediciones por encima de la atmósfera y, por lo tanto, proporcionan datos sobre partículas que de otro modo serían absorbidas. Un ejemplo es una constelación de múltiples satélites que recopila datos sobre flujos de electrones y protones en el cinturón de radiación de la Tierra. [s27] La distribución de los satélites dentro de la constelación permite una reconstrucción tridimensional de los flujos de partículas y proporciona así una imagen detallada de las condiciones de radiación en el espacio cercano a la Tierra. Los datos de tales misiones son relevantes no solo para la investigación fundamental, sino también para la protección de satélites y astronautas contra daños por radiación. Además del número de partículas, también es de interés su distribución de energía. Los detectores sensibles a la energía proporcionan información sobre el espectro de energía de los flujos de partículas. Estos datos permiten inferencias sobre los mecanismos de aceleración de las

partículas y las características de sus fuentes. La combinación de datos de diferentes detectores, que están especializados en diferentes rangos de energía, amplía el espectro de energía observable y permite una imagen más completa de los flujos de partículas. El análisis de la variabilidad temporal de los flujos de partículas proporciona más información importante. Así, las fluctuaciones a corto plazo en el flujo de partículas pueden indicar erupciones solares u otros procesos dinámicos. Por lo tanto, la monitorización continua de los flujos de partículas es esencial para capturar estos eventos y estudiar sus efectos en el entorno cercano a la Tierra. Los datos obtenidos no solo sirven para comprender fenómenos astrofísicos, sino también para el desarrollo de modelos de predicción para el clima espacial, que son esenciales para la protección de satélites y la infraestructura en la Tierra.

Bueno saber

Contadores de centelleo

Instrumentos de medición que capturan los pequeños destellos de luz que se producen cuando partículas de alta energía impactan ciertos materiales. Estos destellos proporcionan información sobre la energía y el número de partículas.

Detectores de semiconductores

Detectores que miden la carga eléctrica generada por la interacción de partículas con un material semiconductor. Proporcionan información precisa sobre la energía de las partículas.

Experimentos con globos

Vuelos de investigación con globos que transportan instrumentos de medición a la alta atmósfera o al espacio cercano a la Tierra para recopilar datos que no serían accesibles desde la Tierra.

Fenómenos astrofísicos

Eventos y procesos en el universo que pueden ser descritos por leyes físicas, como explosiones de supernovas o la formación de estrellas.

Observatorios espaciales

Telescopios y otros instrumentos de medición que están posicionados en el espacio para permitir observaciones ininterrumpidas del universo.

Composición de rayos cósmicos

Desglose de partículas de rayos cósmicos.

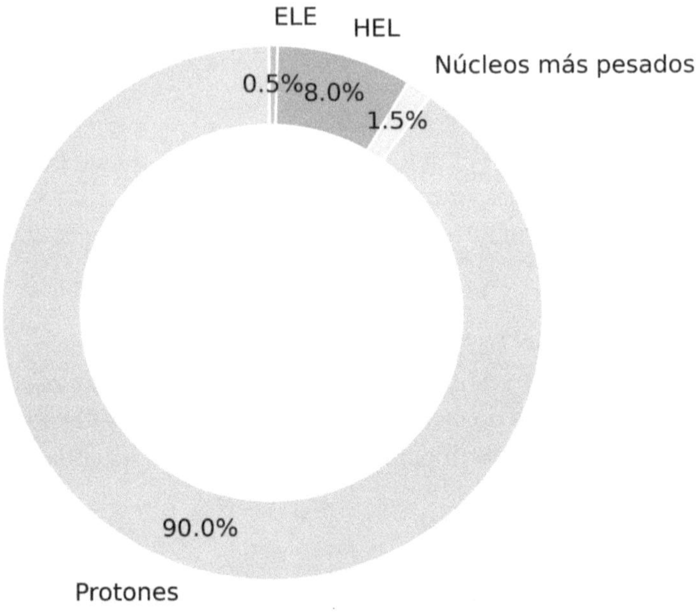

ELE: Electrones
HEL: Núcleos de helio (partículas alfa)
NMP: Núcleos más pesados (Li, Be, B, C, N, O, etc.)
PRO: Protones

Los protones dominan la composición de los rayos cósmicos, destacando su importancia en los procesos astrofísicos de alta energía. La presencia de núcleos de helio indica contribuciones de la nucleosíntesis estelar. Los porcentajes más pequeños de núcleos más pesados y electrones sugieren diversos orígenes, incluyendo explosiones de supernovas y otros eventos energéticos. La investigación adicional de estos componentes menos abundantes puede proporcionar información valiosa sobre los entornos extremos donde se producen los rayos cósmicos.

Consejos concretos

- Desarrolle un proyecto artístico que visualice la energía de la radiación cósmica a través de la música, la pintura o la danza.
- Construya un detector de radiación cósmica con materiales simples y mida las fluctuaciones de la radiación durante un período determinado.
- Cree una simulación de la propagación de la radiación cósmica a través de la Vía Láctea y visualice su interacción con los campos magnéticos.
- Compare la distribución de energía de la radiación cósmica desde diferentes direcciones del cielo y busque asimetrías.
- Diseñe un concepto para una futura sonda espacial que explore las fuentes de radiación cósmica en el espacio intergaláctico.
- Investigue los efectos de la radiación cósmica en los sistemas biológicos y presente sus resultados en una conferencia.
- Discuta con otros sobre los posibles peligros y oportunidades que presenta la radiación cósmica de alta energía.
- Escriba una historia de ciencia ficción en la que la radiación cósmica desempeñe un papel central.
- Desarrolle un juego de mesa que transmita de manera lúdica la formación y propagación de la radiación cósmica.
- Organice un evento público para informar a la población sobre el fenómeno de la radiación cósmica.
- Reflexione sobre la importancia de la radiación cósmica para la formación y desarrollo del universo.

4. 3 Estructuras del Universo

Las estructuras del universo esconden los mayores enigmas de la astrofísica: la materia oscura, invisible pero gravitacionalmente efectiva, da forma a galaxias y cúmulos de galaxias. Su investigación a través de curvas de rotación, efectos de lentes gravitacionales y movimientos de galaxias proporciona indicios indirectos sobre su existencia y distribución. Los universos paralelos, más allá de la observación directa, surgen de teorías como la teoría de cuerdas, la mecánica cuántica y la teoría de la inflación. Estos conceptos desafían nuestra comprensión del espacio, el tiempo y la realidad, y conducen a preguntas fundamentales sobre la estructura del cosmos. ¿Podríamos algún día encontrar pruebas indirectas de su existencia? Sumérgete en el fascinante mundo de las estructuras más allá de lo visible.

La gravitación sirve como herramienta para descubrir estructuras invisibles del universo, como la materia oscura, al revelar su influencia sobre la materia visible y la luz.

Detección de materia oscura

La materia oscura no se puede observar directamente, ya que no absorbe ni emite luz. Su detección solo se logra indirectamente a través de su efecto gravitacional sobre la materia visible. Uno de los métodos más importantes es la observación de las curvas de rotación de las galaxias. Las estrellas en las regiones exteriores de las galaxias espirales rotan más rápido de lo que deberían según las leyes de la gravitación newtoniana, aplicadas a la masa visible. Esta discrepancia se puede explicar por la presencia de un halos de materia oscura que rodea la galaxia y cuya fuerza gravitacional adicional acelera las estrellas. Un astrónomo aficionado que mida las velocidades de rotación de las estrellas en una galaxia lejana notaría estos valores elevados y, por lo tanto, "vería" indirectamente la materia oscura. Otra pista la proporciona el efecto de lente gravitacional. Objetos masivos, como cúmulos de galaxias, distorsionan el espacio a través de su gravedad y desvían la luz de objetos que están detrás, similar a una lente. La magnitud de esta desviación es mayor de lo que se esperaría debido a la masa visible, lo que indica la presencia de materia oscura en los cúmulos de galaxias. Aquí también se utiliza la gravedad como herramienta para hacer visible lo invisible. El movimiento de las galaxias dentro de los cúmulos de galaxias ofrece un tercer enfoque. Las velocidades a las que se mueven las galaxias en un cúmulo son tan altas que el cúmulo se desintegraría sin la influencia gravitacional adicional de la materia oscura. La masa necesaria para mantener unidas a las galaxias supera con creces la masa visible. Además de estas observaciones astronómicas, también hay experimentos que intentan detectar la materia oscura directamente. Estos experimentos se basan en la suposición de que la materia oscura está compuesta por partículas masivas de interacción débil (WIMPs), que interactúan débilmente con la materia normal, pero que aún pueden colisionar ocasionalmente con núcleos atómicos. Detectores ubicados a gran profundidad bajo tierra, protegidos de la radiación cósmica, buscan las pequeñas cantidades de energía que se liberan durante tales colisiones. Sin embargo, hasta ahora, estos experimentos no han podido proporcionar señales concluyentes de materia oscura. La búsqueda de las partículas que componen la materia oscura es un área activa de investigación y podría cambiar fundamentalmente nuestra comprensión del universo. La distribución de la materia oscura en el universo se puede investigar, entre otras cosas, mediante el análisis del fondo cósmico de microondas (CMB). El CMB es la radiación remanente del Big Bang y contiene información sobre el estado temprano del universo. Pequeñas fluctuaciones de temperatura en el CMB proporcionan información sobre la distribución de densidad de la materia en el universo temprano, incluida la materia oscura. Estos datos ofrecen pistas importantes sobre la formación de estructuras en el universo y confirman el papel dominante de la materia oscura en este proceso. A través de la medición precisa del CMB, se pueden probar y refinar modelos sobre la formación de galaxias y cúmulos de galaxias. La cartografía de estas fluctuaciones de temperatura es similar a la creación de un mapa arqueológico del universo temprano y permite reconstruir la distribución de la materia oscura. La búsqueda de materia oscura es uno de los mayores desafíos de la astrofísica y la cosmología modernas. La combinación de diferentes métodos, desde observaciones astronómicas hasta experimentos de laboratorio, es crucial para descifrar la naturaleza de esta sustancia enigmática y comprender su influencia en la estructura y evolución del universo. La investigación de la materia oscura es un proceso continuo que amplía constantemente nuestra comprensión del cosmos. La investigación futura se centrará, entre otras cosas, en detectores mejorados y nuevos enfoques experimentales para determinar con mayor precisión las propiedades de la materia oscura y revelar su composición. Desentrañar este misterio podría revolucionar nuestra visión del mundo y abrir nuevas perspectivas sobre las leyes fundamentales de la física.

Efecto de lente gravitacional

Efecto de lente gravitacional simulado de la materia oscura sobre la luz.

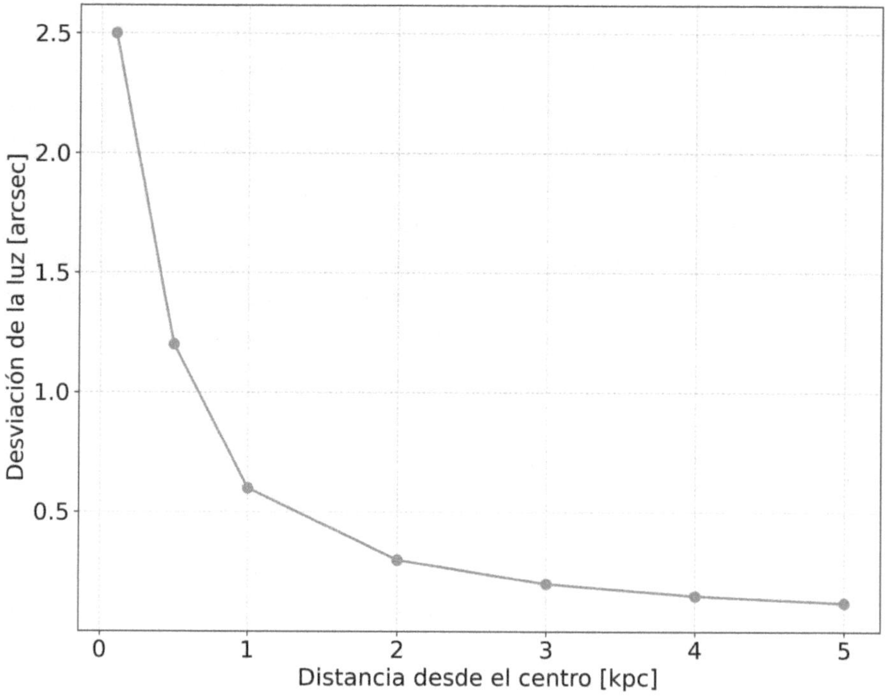

El gráfico ilustra cómo la desviación de la luz predicha aumenta con la proximidad a un halo de materia oscura simulado. La curva pronunciada cerca del centro indica una fuerte influencia gravitacional, lo que sugiere una distribución de masa concentrada típica de los halos de materia oscura. Este efecto de lente, aunque exagerado con fines ilustrativos, es un método clave utilizado para inferir la presencia y distribución de la materia oscura.

Captar teóricamente universos paralelos

Los universos paralelos se mueven más allá de la observación directa y, por lo tanto, escapan a los métodos convencionales de la astronomía. Su captura teórica se basa en varios modelos físicos que van más allá de nuestro universo conocido. Un enfoque de este tipo es la teoría de cuerdas, que postula cuerdas diminutas y vibrantes como bloques fundamentales de la materia. Esta teoría requiere dimensiones espaciales adicionales que, según la hipótesis, podrían albergar una variedad de universos, cada uno con sus propias leyes físicas y constantes. Otro enfoque proviene de la mecánica cuántica, que describe el comportamiento de la materia a nivel subatómico. Aquí, el concepto de la "interpretación de muchos mundos" lleva a la idea de que, en cada medición cuántica, el universo se divide en varios universos paralelos, donde se realiza cada posible resultado de la medición. Incluso la simple decisión de tomar café o té podría, por lo tanto, dar lugar a diferentes resultados en innumerables universos paralelos. La teoría de la inflación, que postula una expansión extremadamente rápida del universo en sus primeras etapas, ofrece otra perspectiva. Según esta teoría, podrían formarse "burbujas" en este proceso inflacionario, que se desarrollan en universos separados, los cuales a su vez son parte de un multiverso más grande. Las propiedades de estos universos, como la fuerza de las fuerzas fundamentales o las masas de las partículas elementales, podrían variar considerablemente. Los modelos cosmológicos basados en la allgemeinen_relativitaetstheorie también abren la posibilidad de universos paralelos. Así, los agujeros de gusano, túneles hipotéticos a través del espacio-tiempo, podrían establecer conexiones con otros universos. También la idea de un universo cíclico, que se expande y colapsa repetidamente, implica la existencia de universos paralelos que existen en ciclos anteriores o futuros.

Aunque la existencia de universos paralelos es hasta ahora puramente hipotética, estos conceptos ofrecen estímulos para reflexionar sobre la estructura fundamental de la realidad y los límites de nuestro conocimiento. La exploración de estas ideas, tanto teóricamente como a través de la búsqueda de indicios indirectos, podría cambiar fundamentalmente nuestra comprensión del cosmos. Por ejemplo, futuras mediciones de la radiación cósmica de fondo podrían revelar anomalías sutiles que sugieren interacciones con otros universos. La búsqueda de tales huellas es un esfuerzo a largo plazo que requiere nuevas tecnologías y métodos de medición innovadores. La reflexión teórica sobre los universos paralelos estimula el desarrollo de nuevos modelos físicos y amplía los límites de nuestra imaginación sobre la naturaleza del universo.

Interpretación de muchos mundos

La interpretación de muchos mundos es una interpretación de la mecánica cuántica. Afirma que en cada medición cuántica, el universo se divide en varios universos paralelos, donde se realizan todos los posibles resultados de la medición.

Mecánica cuántica

La mecánica cuántica describe el comportamiento de la materia a nivel subatómico. Ofrece varios enfoques interpretativos, incluida la interpretación de muchos mundos, que sugiere la existencia de universos paralelos.

Radiación cósmica de fondo

La radiación cósmica de fondo es una radiación de microondas que proviene de los primeros tiempos del universo. Podría contener indicios sobre la existencia de otros universos.

Teoría de la inflación

La teoría de la inflación describe una fase de expansión extremadamente rápida del universo temprano. Sugiere la creación de universos separados, un multiverso.

Universo cíclico

Un universo cíclico es un modelo cosmológico en el que el universo existe en un ciclo eterno de expansión y contracción. Cada ciclo podría significar la creación de nuevos universos paralelos.

Estructuras teóricas del universo

Distribución de los tipos de universos teóricos.

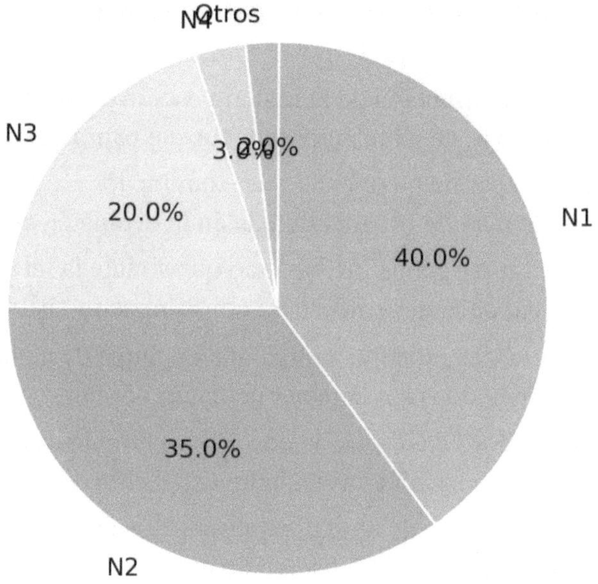

N1: Nivel 1: Regiones más allá de nuestro horizonte cósmico

N2: Nivel 2: Universos burbuja con diferentes constantes físicas

N3: Nivel 3: Interpretación de muchos mundos de la mecánica cuántica

N4: Nivel 4: Conjunto final, todas las estructuras matemáticas posibles

Otros: Otros/Sin clasificar

La mayoría de las teorías actuales se centran en los conceptos de multiverso de Nivel 1 y Nivel 2. Si bien el Nivel 3 representa una parte significativa, sugiere que se necesita una mayor exploración en esta área. Los niveles 4 y superiores, que representan desviaciones más radicales de nuestra comprensión actual, se exploran actualmente menos, lo que indica que permanecen al margen de la física teórica.

Consejos concretos

- Desarrolle un modelo propio de la red cósmica utilizando hilos y nodos de lana o alambre para visualizar la distribución de la materia oscura.
- Cree una serie de dibujos que representen la formación de cúmulos de galaxias bajo la influencia de la materia oscura en diferentes etapas.
- Compare la distribución de la materia oscura en diferentes tipos de galaxias a través de simulaciones y busque patrones característicos.
- Diseñe un experimento mental que examine los efectos de una densidad de materia oscura alterada en la evolución del universo.
- Desarrolle un programa informático que simule la interacción gravitacional de la materia oscura con la materia visible.
- Cree una presentación interactiva que explique de manera clara los diferentes métodos para detectar la materia oscura.
- Organice un foro de discusión con otros astrónomos aficionados sobre las preguntas abiertas en la investigación de la materia oscura.
- Escriba una entrada de blog que presente los últimos hallazgos sobre la naturaleza de la materia oscura de manera comprensible para un público amplio.
- Diseñe una obra de arte que exprese su interpretación personal de la materia oscura y su papel en el universo.
- Reflexione sobre los límites de nuestro conocimiento actual sobre la materia oscura y la importancia de estas preguntas sin resolver para la cosmología.
- Investigue la historia de la investigación sobre la materia oscura y elabore una línea de tiempo de los descubrimientos y teorías más importantes.

Revisión - 4. Fenómenos Astrofísicos

Los fenómenos astrofísicos fascinan por su complejidad y las inmensas escalas en las que se desarrollan. Desde el baile de los planetas alrededor de estrellas distantes hasta las enigmáticas propiedades de la materia oscura, nos ofrecen una visión de las leyes fundamentales del universo. Sin embargo, el acceso a estos fenómenos no está reservado únicamente a los astrónomos profesionales. También los astrónomos aficionados pueden participar activamente en la exploración del cosmos y obtener valiosos conocimientos con las herramientas y métodos adecuados.

Un primer paso consiste en familiarizarse con los conceptos básicos de la gravitación. Esta influye en el movimiento de los cuerpos celestes y se puede observar en fenómenos como las órbitas planetarias o las mareas. Con un simple péndulo, puede medir la aceleración de la Tierra y experimentar la fuerza gravitacional en su propio cuerpo. Proyectos más avanzados podrían incluir la observación de sistemas estelares dobles y el cálculo de sus masas. Los desafíos aquí radican en la medición precisa de posiciones y velocidades, lo que requiere paciencia y cuidado.

La investigación de los agujeros negros, los objetos más exóticos del universo, también es accesible para los astrónomos aficionados. Aunque no se pueden ver directamente, sus efectos en el entorno proporcionan indicios claros de su existencia. El análisis de las órbitas estelares cerca de agujeros negros sospechosos o la evaluación de datos de observatorios de ondas gravitacionales de acceso público ofrecen emocionantes oportunidades para participar en la vanguardia de la investigación. Sin embargo, la interpretación de estos datos requiere un sólido entendimiento de la física subyacente y puede representar un desafío. Los recursos en línea y los foros de astronomía brindan valioso apoyo y la posibilidad de intercambiar ideas con aficionados experimentados.

El análisis de la distribución de materia en el universo y la búsqueda de materia oscura son otros campos de investigación fascinantes. A través de la observación de cúmulos de galaxias y el estudio del efecto de lente gravitacional, puede inferir indirectamente la distribución de la materia oscura. La evaluación de datos del fondo cósmico de microondas ofrece una mirada a los primeros tiempos del universo y permite investigar el papel de la materia oscura en la formación de estructuras. Sin embargo, el acceso a estos datos y su interpretación requieren software especializado y conocimientos que se pueden adquirir con un poco de dedicación.

La exploración de fenómenos astrofísicos es un proceso continuo que genera nuevos descubrimientos y conocimientos. Incluso como astrónomo aficionado, puede participar activamente en este proceso y ampliar su comprensión del universo. Con curiosidad, paciencia y las herramientas adecuadas, se le abrirán posibilidades insospechadas para explorar los secretos del cosmos y experimentar de cerca la fascinación de la astrofísica. ¡Adéntrese en el mundo de la ciencia y déjese inspirar por la belleza y complejidad del universo!

5. Viajes Espaciales y Cosmos

¿Alguna vez se ha preguntado cómo se siente observar la Tierra desde arriba? La exploración espacial ha transformado fundamentalmente nuestra visión del cosmos y hoy permite observaciones precisas de cuerpos celestes lejanos. Desde los primeros satélites hasta las modernas estaciones espaciales, este capítulo documenta los hitos técnicos de la investigación espacial. La cartografía sistemática del espacio no solo ayuda en la navegación, sino que también revela fenómenos cósmicos desconocidos hasta ahora. Con cada día en el espacio, crece nuestra comprensión de los secretos del universo, al mismo tiempo que plantea nuevas preguntas.

5. 1 Observar Estaciones Espaciales

Las estaciones espaciales como la ISS ofrecen fascinantes oportunidades de observación para los astrónomos aficionados. La predicción de sus horarios de paso utilizando software y aplicaciones, basadas en datos orbitales actuales, es crucial para el éxito de la observación. La determinación precisa de la ubicación, la consideración de influencias atmosféricas y la interpretación de parámetros calculados como brillo y elevación representan un desafío. El seguimiento de las trayectorias en tiempo real incluso permite la alineación automatizada de telescopios. Descubra en este capítulo cómo superar estos desafíos y realizar observaciones impresionantes.

Para observaciones exitosas de estaciones espaciales, tanto la planificación precisa con aplicaciones especializadas como la consideración de factores ambientales como el clima y la contaminación lumínica son decisivas.

Calcular tiempos de sobrevuelo

Para determinar los tiempos de sobrevuelo de la Estación Espacial Internacional (ISS) u otros satélites, necesita sitios web o aplicaciones especializadas. Estos acceden a datos orbitales proporcionados por las respectivas agencias espaciales. Los parámetros de entrada son típicamente su ubicación, ya sea ingresada manualmente mediante latitud y longitud o determinada automáticamente a través de gps. Algunas herramientas también permiten seleccionar satélites específicos. La salida de los cálculos generalmente incluye:

- Fecha y hora de inicio y fin de la visibilidad
- Duración del sobrevuelo
- Altura máxima sobre el horizonte (Elevación)
- Dirección en la que aparece y desaparece (Azimut)
- Brightness (magnitude)

La magnitud indica cuán bien se puede ver el satélite a simple vista. Los valores negativos representan objetos especialmente brillantes. Un valor de -3 corresponde aproximadamente a Venus, mientras que la ISS puede alcanzar hasta -4 en buenas condiciones. Un destello de Iridium, el breve y brillante destello de los satélites Iridium, puede incluso alcanzar valores de -8, siendo más brillante que cualquier estrella en el cielo nocturno. La precisión de las predicciones depende de la actualidad de los datos orbitales. La órbita de la ISS, por ejemplo, cambia constantemente debido a la resistencia atmosférica. Por lo tanto, las predicciones a corto plazo (unos pocos días de anticipación) son más precisas que las a largo plazo. También tenga en cuenta que la nubosidad puede afectar significativamente la visibilidad. Por lo tanto, verifique el pronóstico del tiempo antes de observar. La mayoría de los sitios web y aplicaciones ofrecen una representación gráfica del sobrevuelo en un mapa estelar. Esto muestra la trayectoria del satélite a través del cielo, lo que facilita su seguimiento. Algunos programas también ofrecen notificaciones por correo electrónico o mensajes push para recordarle sobre los próximos sobrevuelo. Además de la ISS, hay numerosos otros satélites que se pueden observar. Estos incluyen, por ejemplo, la estación espacial china Tiangong, el telescopio espacial Hubble y varios satélites de observación de la Tierra. Para cada satélite, hay sitios web o aplicaciones específicas que calculan los tiempos de sobrevuelo. La elevación, es decir, la altura máxima del satélite sobre el horizonte, es un factor crucial para la visibilidad. Un satélite con una elevación de 90 grados está directamente sobre usted (Zenit), mientras que un valor de 0 grados significa que está en el horizonte. Cuanto mayor sea la elevación, más tiempo y mejor será visible el satélite. Un sobrevuelo con una elevación máxima de solo 10 grados probablemente desaparecerá detrás de árboles o edificios. Un valor de 60 grados, en cambio, ofrece buenas condiciones de observación. Para distinguir la ISS de otros objetos celestes, preste atención a su velocidad y brillo. La ISS se mueve relativamente rápido a través del cielo: tarda aproximadamente 90 minutos en dar una vuelta a la Tierra. Aparece como un punto brillante en movimiento que no tiene luces intermitentes, a diferencia de los aviones. Si no está seguro de si realmente está viendo la ISS, puede comparar su observación con los tiempos de sobrevuelo predichos y la trayectoria en el mapa estelar. Con el tiempo, adquirirá experiencia y podrá identificar la ISS de manera rápida y segura. Para un éxito óptimo en la observación, se recomienda un lugar alejado de fuentes de luz molestas, como farolas o edificios iluminados. Un cielo oscuro mejora significativamente la visibilidad.

Destello de Iridium [i69]

Duración del sobrevuelo de la ISS

Duración del sobrevuelo visible según la latitud del observador.

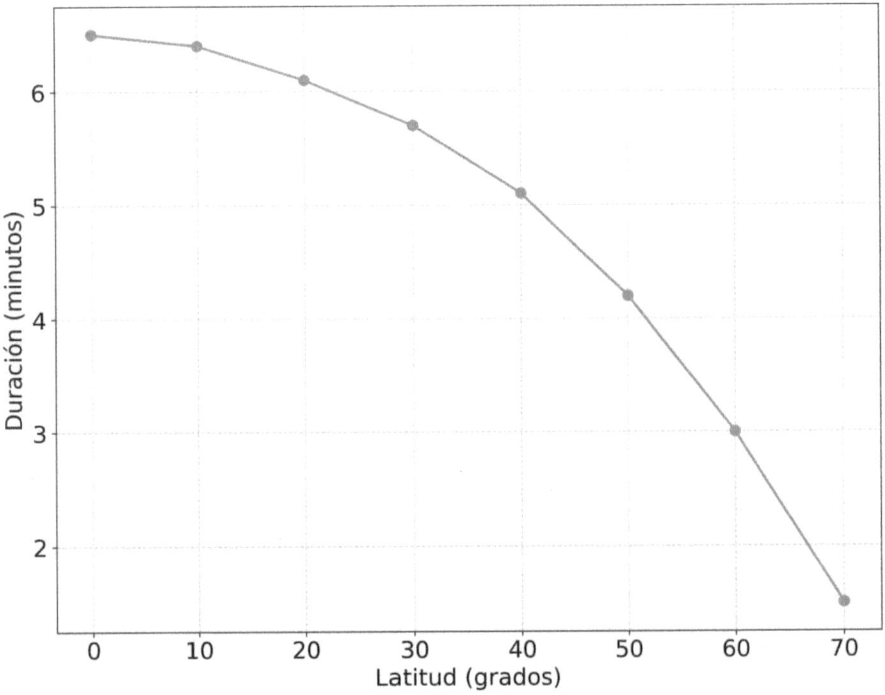

El gráfico muestra que los observadores en latitudes más altas generalmente experimentan duraciones de sobrevuelo más cortas. Esto se debe a que la órbita de la ISS está inclinada con respecto al ecuador y, por lo tanto, pasa menos tiempo visible desde ubicaciones más alejadas del ecuador.

Rastrear trayectorias

La localización precisa de satélites y estaciones espaciales requiere más que solo el cálculo de tiempos de sobrevuelo. El seguimiento de sus trayectorias en tiempo real abre nuevas posibilidades, como la alineación automatizada de instrumentos de observación. Los sistemas de seguimiento en tiempo real utilizan, como se describe en la fuente [s28], sensores para la determinación de posiciones y orientación 3D. Estos no solo capturan la propia ubicación geográfica, sino también la orientación en el espacio, para determinar con precisión la posición del satélite en el cielo. Una plataforma con sensores y servomotores controla la orientación y envía los datos capturados para un análisis y visualización adicionales a una plataforma central. Así, entre otras cosas, el movimiento de un telescopio puede acoplarse con precisión a la órbita de un satélite.

constelación de satélites [i70]

La selección de sitios de observación adecuados y la consideración de efectos físicos son otros factores para un seguimiento exitoso de la órbita. Como se menciona en [s29], se han posicionado estratégicamente dos estaciones de radar en Australia para lograr una cobertura óptima de este a oeste para la observación de satélites. Al igual que en la elección del lugar de observación para la ISS, aquí también la mejor línea de visión juega un papel crucial. Además, las condiciones atmosféricas y el efecto Doppler afectan las señales recibidas y deben ser considerados al calcular la posición real del satélite. La modelización de la constelación de satélites, el cálculo del tiempo de propagación de la señal (latencia) y el desplazamiento de frecuencia (efecto Doppler) son, por lo tanto, esenciales para un seguimiento preciso de la órbita. Además, según [s29], se investiga la integración de técnicas de IA para optimizar aún más la predicción de movimientos de satélites y la compensación del efecto Doppler. Estos hallazgos de investigación podrían aplicarse en el futuro también en sistemas de seguimiento privados para astrónomos aficionados. La combinación de localización precisa en tiempo real con métodos de cálculo avanzados y predicción asistida por IA permite así un mejor seguimiento de satélites y estaciones espaciales.

Bueno saber

Constelación de satélites

Un grupo de satélites que trabajan juntos para cumplir una función específica, como un sistema de navegación global o una red de comunicaciones.

Estación espacial

Estructuras artificiales habitables en el espacio que sirven como base para la investigación científica, la observación de la Tierra y otras actividades.

Servomotor

Un motor eléctrico especial que puede ser controlado con precisión para ajustar la posición de objetos, como un telescopio.

Sistema de seguimiento

Sistemas para rastrear objetos, en este contexto para observar la trayectoria de estaciones espaciales. A menudo utilizan sensores y software para determinar la posición y el movimiento del objeto.

Rastreo de la Estación Espacial

Características orbitales de varias estaciones espaciales.

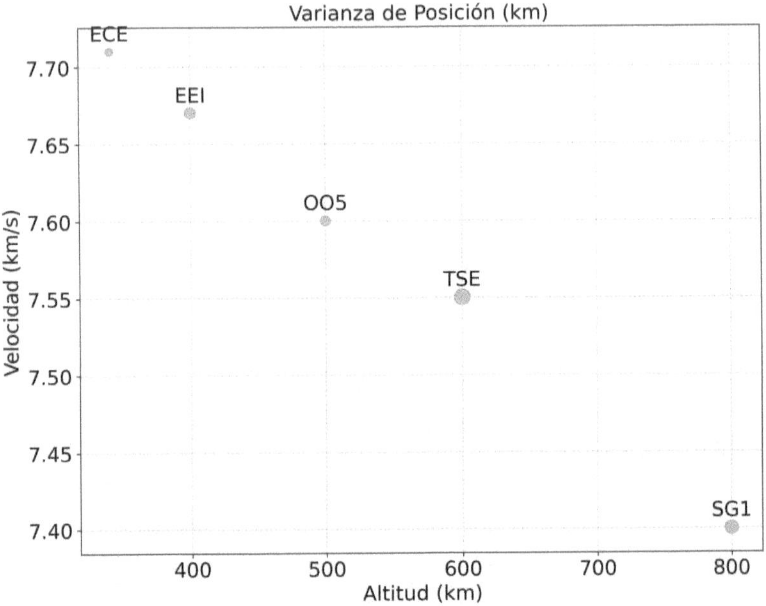

Blasengröße: Varianza de Posición (km)

ECE: Estación Espacial China

EEI: Estación Espacial Internacional

OO5: Observación Orbital 5

SG1: Satélite Geoestacionario 1

TSE: Telescopio Espacial Hubble

Este gráfico revela una correlación entre la altitud y la velocidad orbital. Las estaciones de mayor altitud generalmente exhiben velocidades más lentas, de acuerdo con las leyes de Kepler del movimiento planetario. El tamaño de la burbuja indica la varianza posicional de la estación, lo que sugiere posibles influencias del arrastre atmosférico o ajustes orbitales. Las estaciones con mayor varianza posicional podrían estar realizando maniobras o experimentando efectos atmosféricos más significativos.

Crear documentación fotográfica

La documentación de los sobrevuelo de estaciones espaciales con fotos requiere planificación y el equipo adecuado. Además de una cámara con ajustes manuales para tiempo de exposición, apertura e ISO, un trípode estable es esencial para garantizar tomas sin movimiento. Un disparador remoto minimiza además las vibraciones. La elección del objetivo depende del aumento deseado: los teleobjetivos con distancias focales de 200 mm o más son adecuados para representar la estación espacial como un objeto claro. Los objetivos gran angulares, en cambio, capturan todo el sobrevuelo en el cielo estrellado. Antes del sobrevuelo, debe ajustar la configuración de la cámara a las condiciones de luz. Comience con una alta sensibilidad ISO, una apertura amplia (número f pequeño, por ejemplo, f/2.8 o f/4) y un tiempo de exposición corto (por ejemplo, 1/250 segundos). Pruebe diferentes combinaciones para encontrar el equilibrio óptimo entre brillo y nitidez. El enfoque correcto es crucial, ya que la estación espacial se mueve rápidamente. Utilice el enfoque automático de su cámara o enfoque manualmente en una estrella brillante cerca de la trayectoria prevista y luego desactive el enfoque automático. Durante el sobrevuelo, siga continuamente la estación espacial con la cámara. Idealmente, utilice un seguimiento motorizado que esté acoplado a la trayectoria calculada. De este modo, la estación espacial permanece en el centro de la imagen y se permiten tiempos de exposición prolongados. Si no hay seguimiento disponible, el seguimiento manual requiere práctica y una mano firme. Realice disparos en serie para aumentar la probabilidad de obtener una imagen nítida. Varíe el tiempo de exposición para capturar tanto la estación espacial como su movimiento como traza en el cielo estrellado. Un tiempo de exposición de varios segundos produce una traza visible, mientras que tiempos de exposición más cortos representan la estación espacial como un punto. Después del sobrevuelo, puede editar las fotos con un software adecuado. Ajustar el brillo, el contraste y la nitidez optimiza la presentación. Las imágenes individuales se pueden combinar en un video en time-lapse para representar dinámicamente todo el sobrevuelo. Al superponer varias tomas en una imagen, puede visualizar el movimiento de la estación espacial como una traza, mientras que las estrellas aparecen como puntos. Documente sus tomas cuidadosamente con la fecha, hora, ubicación y configuraciones de la cámara. Estos metadatos facilitan el análisis posterior y la comparación con otras observaciones. Así se crea una completa documentación fotográfica que captura sus observaciones de la estación espacial y destaca su progreso en astrofotografía. Un archivo fotográfico bien documentado también le permite perfeccionar sus técnicas y mejorar la calidad de sus futuras tomas.

Seguimiento (Astronomía) [i71]

Rastro de estrellas [i72]

Bueno saber

Disparos en serie

Los disparos en serie significan que la cámara toma varias imágenes rápidamente una tras otra. Esto aumenta la probabilidad de obtener una imagen nítida, especialmente con objetos en movimiento como estaciones espaciales.

Objetivo gran angular

Un objetivo gran angular tiene una distancia focal corta y captura un gran ángulo de imagen. Es adecuado para fotografiar la estación espacial en el contexto del cielo estrellado.

Seguimiento

Un seguimiento motorizado compensa la rotación de la Tierra y permite exposiciones prolongadas sin que las estrellas se conviertan en trazas. Es especialmente útil en la fotografía de estaciones espaciales.

Tiempo de exposición

El tiempo de exposición indica cuánto tiempo el sensor está expuesto a la luz. Se mide en segundos o fracciones de segundo.

Video en time-lapse

Un video en time-lapse se crea mediante la secuenciación de muchas imágenes individuales tomadas en intervalos de tiempo. Comprime un período más largo, como el sobrevuelo de una estación espacial, en una breve secuencia.

Técnicas de documentación fotográfica para la observación de estaciones espaciales

Comparación de técnicas de imagen para capturar estaciones espaciales

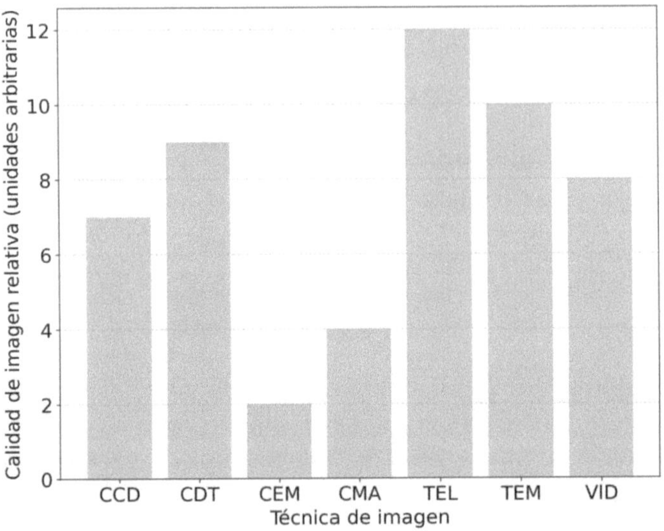

CCD: Cámara DSLR (Objetivo Estándar)
CDT: Cámara DSLR (Teleobjetivo)
CEM: Celular (Modo Estándar)
CMA: Celular (Modo Astrofotografía)
TEL: Telescopio (Cámara Adjunta)
TEM: Telescopio (Ocular Estándar)
VID: Videocámara (Alta Resolución)

Los datos muestran claramente que las cámaras DSLR ofrecen una calidad de imagen superior en comparación con las cámaras de los teléfonos inteligentes, especialmente al capturar detalles de las estaciones espaciales. La fotografía asistida por telescopio proporciona la mayor resolución y detalle, pero enfrenta limitaciones debido al seguimiento y las condiciones atmosféricas. Si bien los modos de astrofotografía de los teléfonos inteligentes ofrecen una sensibilidad a la luz mejorada, todavía están por detrás de las cámaras dedicadas en términos de resolución y control. En general, el enfoque óptimo depende del nivel de detalle deseado y del equipo disponible, y los métodos basados en DSLR y telescopio producen los mejores resultados para una documentación detallada.

Consejos concretos

- Organiza una observación grupal de la ISS y otras estaciones espaciales y comparte tus impresiones.
- Sigue la estación espacial con un telescopio e intenta reconocer detalles como paneles solares o naves acopladas.
- Compara el brillo de la ISS con el de planetas y estrellas para tener una idea de la magnitud.
- Crea una toma panorámica del cielo nocturno mientras la ISS lo atraviesa.
- Intenta fotografiar la ISS a través de un telescopio y enfrenta los desafíos de su alta velocidad.
- Utiliza la observación de la ISS como una oportunidad para aprender más sobre la historia de los vuelos espaciales tripulados.
- Sigue los diferentes módulos de la ISS y sus funciones, y esboza su disposición.
- Calcula la velocidad de la ISS a partir de tus datos de observación y la altitud orbital conocida.
- Reflexiona sobre la importancia de la cooperación internacional en la exploración espacial, simbolizada por la ISS.
- Diseña tu propio concepto para una futura estación espacial y preséntalo a tu grupo.
- Sigue también las órbitas de otros satélites, como los satélites de observación de la Tierra o los satélites de comunicación.
- Compara las trayectorias de diferentes estaciones espaciales y satélites y analiza las diferencias en altitud e inclinación.
- Desarrolla una comprensión de los desafíos de rastrear objetos en órbita terrestre.

5. 2 Utilizar el Atlas Espacial

Esta sección explica el uso de un atlas espacial para la localización y catalogación precisa de objetos celestes. La aplicación de diferentes sistemas de coordenadas, como el sistema ecuatorial y el galáctico, permite determinar posiciones y seguir movimientos en el espacio. Los desafíos radican en la correcta interpretación y aplicación de estos sistemas, así como en la elección de métodos de análisis adecuados. Domine estas técnicas y adéntrese en las profundidades del universo.

La elección del sistema de coordenadas adecuado en el atlas del espacio es crucial para la localización y el análisis de objetos celestes, y permite el seguimiento preciso de sus movimientos, así como la comparación de observaciones.

Aplicar sistemas de coordenadas

Para localizar objetos en el espacio con precisión, el atlas espacial utiliza diferentes sistemas de coordenadas. Al igual que la longitud y la latitud geográficas en la Tierra determinan la posición de un lugar, las coordenadas en el espacio indican la posición de estrellas, galaxias y otros objetos celestes. Un sistema comúnmente utilizado es el aequatoriale_koordinatensystem, que se basa en la proyección del ecuador terrestre en el cielo. Aquí, la ascensión recta, comparable a la longitud geográfica, y la declinación, análoga a la latitud, sirven como coordenadas. La ascensión recta se expresa en horas, minutos y segundos, mientras que la declinación se mide en grados. Otro sistema, el sistema de coordenadas galácticas, se refiere a la Vía Láctea. En este caso, se indica la posición de un objeto en relación con el plano galáctico y el centro galáctico. La longitud galáctica y la latitud sirven como coordenadas. La aplicación de estos sistemas de coordenadas en el atlas espacial permite no solo localizar objetos, sino también rastrear su movimiento a lo largo del tiempo. Al registrar las coordenadas en diferentes momentos, se pueden determinar las órbitas de planetas, cometas o satélites. El conocimiento preciso de estas órbitas es esencial para la planificación de misiones espaciales, ya sea para la exploración de otros planetas o para la colocación de satélites en la órbita terrestre. La alineación de datos a un estándar de plantilla o atlas, como en el sistema de coordenadas Talairach-Tournoux, permite la comparación de conjuntos de datos. Por ejemplo, se pueden investigar cambios en el cerebro a lo largo del tiempo en estudios longitudinales. La transformación de escaneos cerebrales a este sistema de coordenadas puede realizarse manualmente mediante la colocación de marcadores anatómicos o automáticamente utilizando una plantilla. Aunque la transformación automática es más eficiente, el método manual ofrece una mayor precisión, ya que se pueden tener en cuenta las variaciones anatómicas individuales. Sin embargo, las

plantillas estándar también pueden provocar inconsistencias entre diferentes cerebros, ya que no pueden capturar toda la variabilidad individual. Por lo tanto, la elección del método depende de la pregunta de investigación y de los recursos disponibles. Al combinar diferentes sistemas de coordenadas y métodos de análisis, el atlas espacial ofrece una herramienta poderosa para explorar el universo y permite investigar relaciones complejas y obtener nuevos conocimientos. Ejemplo de fuente para el sistema de coordenadas ecuatoriales (aquí se puede insertar una fuente adecuada) Ejemplo de fuente para el sistema de coordenadas galácticas (aquí se puede insertar una fuente adecuada)

Bueno saber

Longitud galáctica

La longitud galáctica es una de las dos coordenadas en el sistema de coordenadas galácticas. Se mide desde el centro galáctico a lo largo del plano galáctico.

Sistema de coordenadas galácticas

El sistema de coordenadas galácticas es un sistema de coordenadas que se basa en la Vía Láctea. Utiliza longitud y latitud galácticas para indicar la posición de objetos en relación con el plano galáctico y el centro galáctico.

Sistema de coordenadas Talairach-Tournoux

Un sistema de coordenadas tridimensional que sirve como marco de referencia para la localización de estructuras en el cerebro. Permite la estandarización y comparación de datos cerebrales.

Distribución de sistemas de coordenadas en un atlas espacial

Visualización de la prevalencia de varios sistemas de coordenadas utilizados en un atlas espacial.

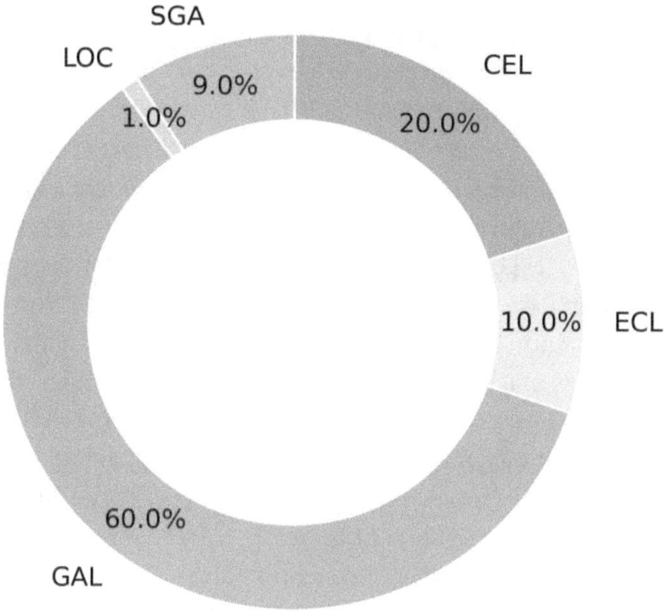

CEL: Coordenadas celestes
ECL: Coordenadas eclípticas
GAL: Coordenadas galácticas
LOC: Coordenadas locales
SGA: Coordenadas supergalácticas

Las coordenadas galácticas dominan el atlas, destacando un enfoque en estructuras a gran escala. Si bien las coordenadas celestes y eclípticas están presentes, sus proporciones más pequeñas sugieren que se utilizan para fines específicos, quizás para observaciones desde la Tierra o dentro del sistema solar. El uso de coordenadas supergalácticas indica que el atlas incluye datos sobre estructuras más allá de nuestra galaxia, aunque con menos frecuencia que los datos galácticos. La presencia mínima de coordenadas locales sugiere un enfoque limitado en regiones espaciales muy pequeñas y específicas.

Catalogar objetos celestes

La catalogación de objetos celestes es esencial para la navegación, la investigación y la comprensión del universo. Los astrónomos utilizan diversos métodos para identificar, clasificar y registrar las características de los objetos. Un aspecto importante es la espectroscopía, que permite el análisis de la luz de estrellas y otros objetos [s30]. A través del estudio de las líneas espectrales – líneas oscuras o brillantes en el espectro de un objeto – los científicos pueden obtener información sobre la composición química, temperatura y velocidad del objeto. La corrección de base precisa de los espectros es esencial para optimizar la relación señal-ruido y garantizar la precisión del análisis [s30]. Por ejemplo, las estrellas de tipo B y las estrellas subenanas calientes pueden ser identificadas y clasificadas según sus líneas espectrales características. Además de la espectroscopía, la astrometría, que se ocupa de la determinación precisa de la posición de los objetos en el cielo, juega un papel crucial. A través de mediciones repetidas de las posiciones, se pueden rastrear los movimientos de los objetos y calcular sus órbitas. Esta información es relevante, entre otras cosas, para predecir las órbitas de asteroides o planificar misiones espaciales. Además, varios rastreadores estelares – instrumentos para la determinación de la posición de satélites – pueden ser utilizados para mejorar la vigilancia espacial y la conciencia situacional en el espacio [s31]. Cada satélite equipado con un rastreador estelar puede servir como observador para la vigilancia espacial, contribuyendo así a la captura

de desechos espaciales. La combinación de datos de posición de diferentes rastreadores estelares y la aplicación de algoritmos de corrección, como el algoritmo MMSE de Gauss, aumentan la precisión de la determinación de la posición de los objetos en órbita [s31]. Los datos obtenidos se incorporan a catálogos que se amplían y actualizan continuamente. Estos catálogos contienen una gran cantidad de información sobre los objetos, incluidas sus coordenadas, brillo, clase espectral y, si corresponde, otras características como tamaño, masa o velocidad de rotación. Un catálogo de este tipo podría incluir en el futuro los parámetros orbitales iniciales de objetos en diferentes secciones de órbita para facilitar la detección y seguimiento de objetivos [s31]. A través de la catalogación y análisis sistemáticos de objetos celestes, ampliamos nuestro conocimiento sobre el universo y sentamos las bases para futuras investigaciones y exploraciones.

Algoritmo MMSE de Gauss

El algoritmo MMSE de Gauss (Minimum Mean Square Error) es un procedimiento matemático para minimizar errores en la estimación de valores, por ejemplo, en la determinación de la posición de satélites.

Corrección de base

La corrección de base es un procedimiento para mejorar la calidad de los espectros, eliminando señales de fondo no deseadas para aumentar la precisión del análisis.

Parámetros orbitales iniciales

Los parámetros orbitales iniciales describen la posición y velocidad de un objeto en el espacio en un momento determinado. Son importantes para calcular la futura trayectoria del objeto.

Relación señal-ruido

La relación señal-ruido describe la relación entre la señal útil (por ejemplo, la luz de una estrella) y el ruido no deseado en el dispositivo de medición. Una alta relación señal-ruido es esencial para mediciones precisas.

Clases de objetos celestes

Distribución de los objetos celestes

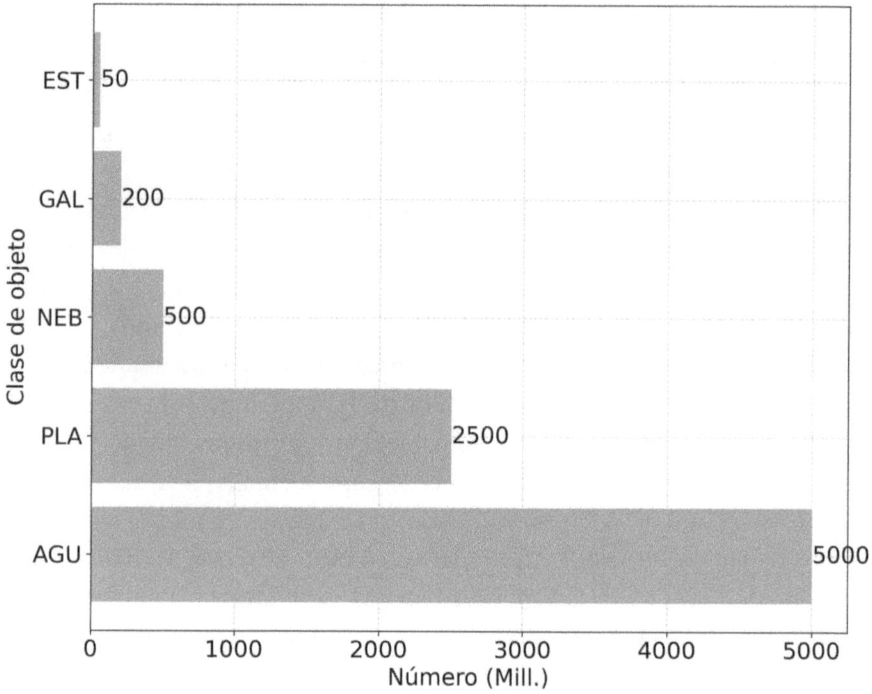

AGU: Agujeros negros

GAL: Galaxias

PLA: Planetas

EST: Estrellas

NEB: Nebulosas

El diagrama visualiza la frecuencia relativa de diferentes clases de objetos celestes. Las estrellas son las más comunes, seguidas de las galaxias. Las nebulosas y los planetas son significativamente menos comunes, mientras que los agujeros negros son los menos comunes.

Llevar registros de observación

Los registros de observación son la base para la recopilación sistemática y posterior evaluación de observaciones astronómicas. Un registro bien llevado no solo permite la documentación de las propias observaciones, sino también su comparación con otras fuentes de datos, contribuyendo así al avance del conocimiento científico. Los componentes esenciales de dicho registro son la fecha y hora de la observación, el lugar de observación y los instrumentos utilizados, incluidos filtros u oculares. Las condiciones atmosféricas, como la visibilidad o el seeing, influyen en la calidad de las observaciones y, por lo tanto, también deben ser anotadas. La descripción del objeto observado incluye su designación en el catálogo, si se conoce, su posición según las coordenadas utilizadas (por ejemplo, rektaszension y declinación) y las características observadas. En la observación visual de planetas, esto puede incluir detalles de la estructura de la superficie o la posición de las lunas; en el caso de deepskyobjekten, la luminosidad, forma y estructura. Bosquejos o fotografías complementan la descripción y ayudan a capturar detalles que son difíciles de expresar solo con palabras. Un observador que, por ejemplo, observa la Galaxia de Andrómeda (M31), anota junto a los datos generales la luminosidad del núcleo, la extensión de los brazos espirales y posibles galaxias compañeras visibles. La documentación de la ampliación utilizada en el telescopio permite una evaluación realista de la precisión de los detalles. La recopilación sistemática de esta información en un formato estandarizado facilita el análisis posterior y la comparación con otras observaciones, por ejemplo, para seguir los cambios en la luminosidad de una estrella variable o documentar el movimiento de un cometa. Herramientas digitales, como programas de hojas de cálculo o software especializado en astronomía, son útiles para organizar y evaluar los datos. Permiten la clasificación y filtrado según diversos criterios y pueden realizar cálculos para determinar, por ejemplo, la luminosidad aparente de una estrella o calcular la órbita de un objeto. A través de la cuidadosa documentación de todos los parámetros relevantes, sus observaciones adquieren valor científico y contribuyen a la comprensión del cosmos. Un registro estructurado también le ayuda a mejorar sus métodos de observación y a perfeccionar sus habilidades en el manejo de los instrumentos. Así, puede aprovechar al máximo la capacidad de su equipo y elevar sus observaciones a un nuevo nivel.

Distribución de los Tipos de Observación Espacial

Desglose de los métodos de observación astronómica.

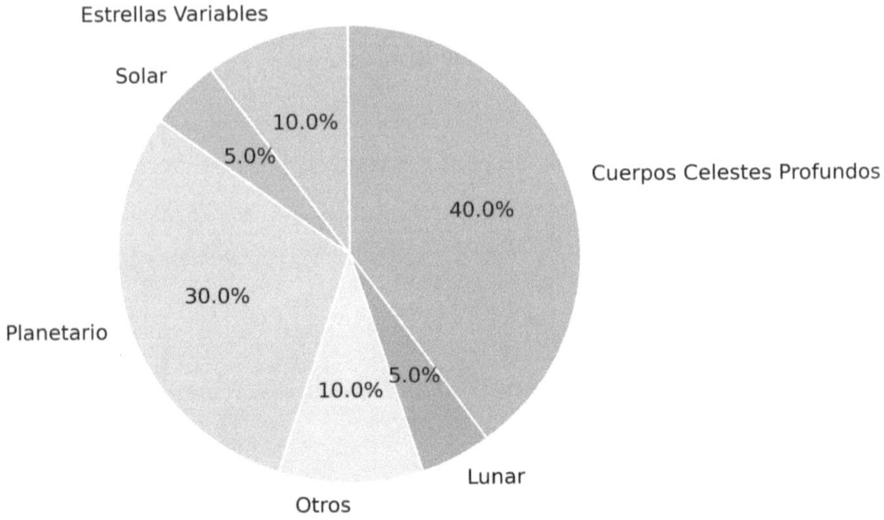

CCP: Cuerpos Celestes Profundos

LUN: Lunar

PLA: Planetario

EST: Estrellas Variables

OTR: Otros

SOL: Solar

La mayor parte de las observaciones se centran en objetos de cielo profundo, lo que indica un gran interés en la exploración de galaxias, nebulosas y cúmulos estelares. Las observaciones planetarias tienen una parte significativa, lo que refleja la investigación en curso sobre nuestro sistema solar y los exoplanetas. Aunque en un porcentaje menor, el enfoque dedicado a las observaciones de estrellas variables destaca su importancia para comprender la evolución estelar y las distancias cósmicas. La distribución uniforme entre otras categorías sugiere diversos intereses de investigación en varios fenómenos astronómicos.

Consejos concretos

- Utilice el atlas espacial para determinar las coordenadas de un objeto celeste y alinee su telescopio con precisión.
- Planifique una noche de observación verificando la visibilidad de planetas, nebulosas y galaxias para su ubicación y hora en el atlas espacial.
- Cree un mapa estelar personal con el atlas espacial que contenga solo los objetos que puede observar con su telescopio.
- Siga la trayectoria de un cometa utilizando el atlas espacial y calcule el momento de su mayor aproximación a la Tierra.
- Compare la representación de las constelaciones en diferentes culturas investigando sus posiciones y denominaciones en el atlas espacial.
- Utilice el atlas espacial para determinar el momento óptimo para observar lluvias de meteoros y marque el radiante en su mapa estelar.
- Cree una animación del movimiento aparente de los objetos celestes durante un período prolongado, basada en los datos del atlas espacial.
- Utilice el atlas espacial para simular los efectos de la contaminación lumínica en la visibilidad de los objetos celestes en su ubicación.
- Compare la información de diferentes atlas espaciales sobre las características de un objeto específico y analice las diferencias.
- Desarrolle su propio proyecto de observación, utilizando el atlas espacial como herramienta central para la planificación y documentación.
- Utilice el atlas espacial para rastrear la historia de la astronomía y la exploración espacial a través de mapas celestes históricos y datos de misiones.

5. 3 Explorar el Infinito

Explorar los límites del universo significa enfrentarse a su expansión, la curvatura del espacio y el concepto de dimensiones superiores. La medición de la tasa de expansión utilizando supernovas y cronómetros cósmicos proporciona información sobre la edad, la composición y el destino del universo. Al mismo tiempo, la visualización de dimensiones superiores representa un desafío para nuestra percepción tridimensional. Esta sección ofrece enfoques prácticos para comprender estos conceptos complejos y ampliar los límites de nuestra imaginación.

La exploración del universo, desde su expansión hasta la curvatura del espacio, requiere no solo instrumentos potentes, sino también la capacidad de ampliar nuestra percepción tridimensional y pensar más allá de los límites de nuestra experiencia cotidiana.

Medir los efectos de la expansión

La expansión del universo se puede medir mediante diferentes métodos que se basan en la relación entre la distancia y el corrimiento al rojo de objetos astronómicos [s32]. El corrimiento al rojo, un desplazamiento de las líneas espectrales hacia el extremo rojo del espectro, se interpreta como una elongación de las ondas de luz debido a la expansión del espacio. Así, la distancia de una galaxia es proporcional a su corrimiento al rojo: cuanto más lejos está una galaxia, mayor es su corrimiento al rojo y más rápido parece alejarse de nosotros [s32]. La constante de proporcionalidad en esta relación, la constante de Hubble, describe la tasa actual de expansión del universo y está directamente vinculada a la edad del universo. La medición de la historia de la expansión requiere determinaciones de distancia precisas. Anteriormente, se utilizaban cepheidas, estrellas pulsantes con luminosidad conocida, como "velas estándar" [s32]. Hoy en día, se utilizan supernovas de tipo Ia, explosiones de estrellas enanas blancas, que sirven como indicadores de distancia confiables a grandes distancias [s32]. La observación de estas supernovas a altos corrimientos al rojo permite determinar la tasa de expansión en el pasado [s33]. La dilatación del tiempo – la elongación del tiempo en un sistema que se mueve rápidamente – en supernovas distantes confirma la interpretación del corrimiento al rojo como consecuencia de la expansión [s32]. El análisis de la historia de la expansión proporciona información importante sobre la composición y el destino del universo. Las mediciones de la tasa de expansión muestran que la expansión se ha acelerado en los últimos miles de millones de años [s32] [s33]. Esta aceleración se atribuye a una misteriosa "energía oscura" que constituye aproximadamente el 70% de la densidad de energía del universo. Al combinar datos de supernovas con mediciones de la radiación cósmica de fondo de microondas – el resplandor del Big Bang – podemos determinar con mayor precisión la densidad de materia y energía oscura [s33]. La medición de los cambios en la tasa de expansión ayuda a determinar la densidad de masa y la geometría del espacio [s33]. Así, podemos realizar mediciones precisas de la tasa de expansión a altos corrimientos al rojo mediante el análisis de explosiones en galaxias distantes que presentan una baja dispersión de brillo intrínseco [s33]. Otro método para medir la expansión del universo es el método de los cronómetros cósmicos [s34]. Este método analiza las diferencias de edad de galaxias masivas y de evolución pasiva en diferentes rangos de corrimiento al rojo. La selección de una muestra homogénea y sincronizada de galaxias es crucial para crear una relación edad-corrimiento al rojo que refleje la tendencia de edad del universo [s34]. Este método proporciona estimaciones directas del parámetro de Hubble y confirma los resultados de otros métodos de medición.

Bueno saber

Constante de Hubble

La constante de Hubble es una medida de la tasa actual de expansión del universo. Indica cuán rápido aumenta la velocidad a la que las galaxias se alejan de nosotros con el aumento de la distancia. La constante de Hubble es un parámetro clave para determinar la edad y la evolución del universo.

Corrimiento al rojo

El corrimiento al rojo es un fenómeno en el que la luz de objetos que se alejan de nosotros se desplaza hacia el extremo rojo del espectro de luz. Se produce por la elongación de las ondas de luz debido a la expansión del universo y sirve como indicador de la velocidad a la que los objetos se alejan de nosotros. Cuanto mayor es el corrimiento al rojo, más rápido se aleja el objeto y más lejos está.

Parámetro de Hubble

El parámetro de Hubble es una medida de la tasa de expansión del universo en un momento determinado. A diferencia de la constante de Hubble, que describe la *tasa actual* de expansión, el parámetro de Hubble puede variar a lo largo del tiempo.

Radiación cósmica de fondo de microondas

La radiación cósmica de fondo de microondas es la radiación remanente del Big Bang y llena todo el universo. Proporciona información importante sobre los momentos más tempranos del universo y su composición.

Expansión del Universo

Correlación entre la distancia y la velocidad de recesión de las galaxias.

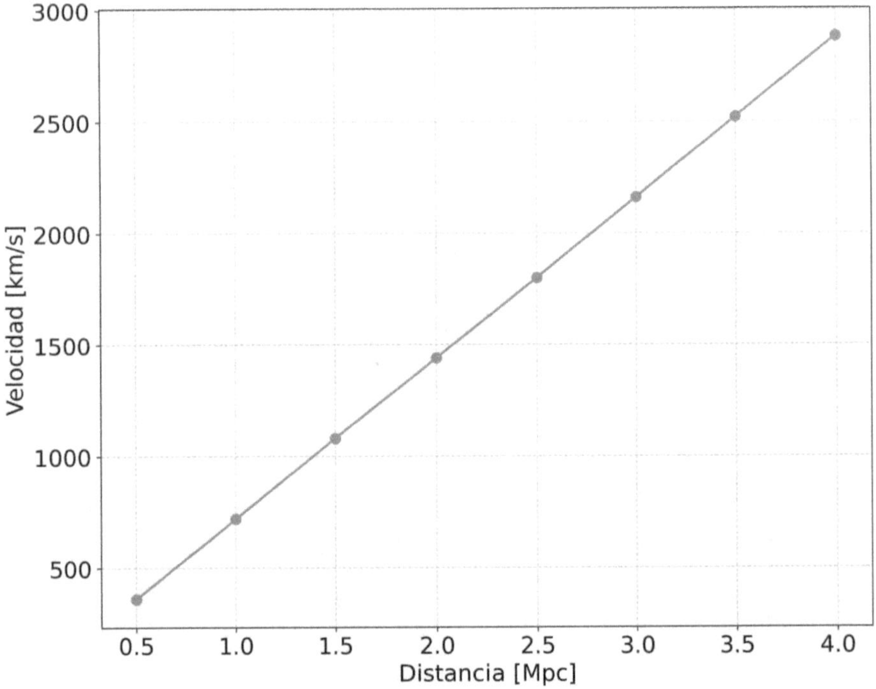

El gráfico demuestra claramente una relación lineal entre la distancia de las galaxias a la Tierra y su velocidad de recesión. Esto apoya la teoría de un universo en expansión, donde los objetos más lejanos se alejan de nosotros a una velocidad mayor. La pendiente de la línea representa la Constante de Hubble, que cuantifica la tasa de expansión.

Demostración de la curvatura del espacio

La curvatura del espacio, una afirmación central de la teoría de la relatividad general, puede ser verificada a través de diversas observaciones. Los objetos masivos distorsionan el espacio-tiempo, lo que se manifiesta en el gravitationslinseneffekt. Los rayos de luz que pasan cerca de objetos masivos son desviados, de manera similar a cómo la luz se refracta a través de una lente. Este efecto puede ser evidenciado al observar cúmulos de galaxias: la luz de galaxias de fondo es distorsionada por el cúmulo masivo y aparece en múltiples imágenes en forma de arco. La magnitud de esta distorsión permite inferencias sobre la masa del cúmulo y la curvatura del espacio en su entorno. El análisis preciso de las imágenes de galaxias de fondo distorsionadas por un cúmulo de galaxias podría, por ejemplo, proporcionar información sobre la distribución de masa en el cúmulo y la curvatura del espacio asociada [s35]. Otra indicación de la curvatura del espacio es el corrimiento al rojo gravitacional. Los fotones que escapan de un campo gravitacional fuerte pierden energía y su longitud de onda se desplaza hacia el extremo rojo del espectro. Este efecto ha sido confirmado experimentalmente y respalda la idea de un espacio-tiempo curvado. La medición precisa de este corrimiento al rojo en estrellas cercanas a agujeros negros masivos puede determinar la intensidad del campo gravitacional y la curvatura del espacio asociada. La investigación de la curvatura del espacio no solo proporciona importantes conocimientos sobre la naturaleza de la gravedad, sino también sobre la composición del universo. Las discrepancias observadas entre la tasa de expansión del universo predicha y la medida, así como las dificultades en la detección directa de materia oscura y energía oscura, podrían explicarse mediante una reinterpretación de las ecuaciones de campo de la teoría de la relatividad general [s35]. Esta reinterpretación podría ofrecer nuevas perspectivas sobre las propiedades del espacio-tiempo y la distribución de materia y energía en el universo. Por lo tanto, la exploración de la

curvatura del espacio está estrechamente vinculada a la búsqueda de una teoría integral de la cosmología.

Cosmología [i73]

Bueno saber

Corrimiento al rojo gravitacional

El corrimiento al rojo gravitacional describe la disminución de la energía de los fotones cuando escapan de un campo gravitacional. Esto resulta en un desplazamiento de su longitud de onda hacia el extremo rojo del espectro.

Cosmología

La cosmología es la ciencia del origen, desarrollo y estructura del universo en su conjunto. Se ocupa de preguntas fundamentales como la expansión del universo y la naturaleza de la materia oscura y la energía oscura.

Ecuaciones de campo

Las ecuaciones de campo de la teoría de la relatividad general describen la relación entre la distribución de masa y energía y la curvatura del espacio-tiempo. Forman la base para el cálculo de campos gravitacionales y la predicción de fenómenos como el efecto de lente gravitacional y el corrimiento al rojo gravitacional.

Curvatura del Espacio-Tiempo

Correlación entre masa, distancia y curvatura del espacio-tiempo.

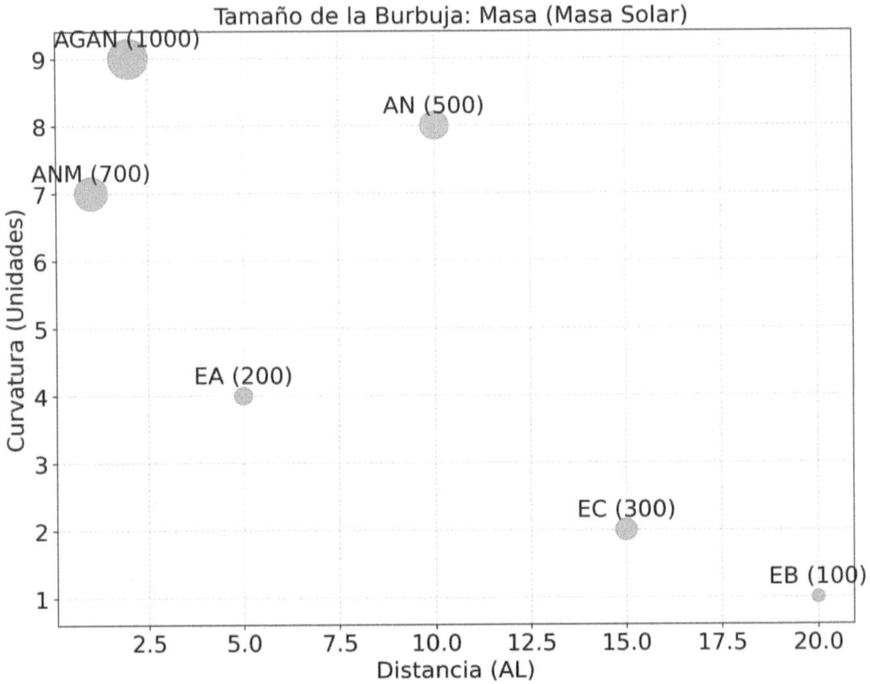

Blasengröße: Masa (Masa Solar)

AGAN: Agujero Negro Supermasivo

ANM: Agujero Negro Intermedio

EB: Estrella B

AN: Agujero Negro

EA: Estrella A

EC: Estrella C

Las masas más grandes causan una mayor curvatura del espacio-tiempo, especialmente a distancias más cercanas. Los objetos a una distancia mayor, incluso con una masa significativa, exhiben menos influencia en la curvatura. Esto sugiere que el impacto de la masa en el espacio-tiempo disminuye con la distancia.

Visualizar dimensiones

Visualizar dimensiones más allá de nuestra percepción tridimensional habitual representa un desafío cognitivo. Mientras que intuitivamente captamos longitud, anchura y altura, las dimensiones superiores escapan a nuestra experiencia directa. Sin embargo, existen enfoques para hacer estos conceptos complejos más comprensibles. Un camino es a través de la analogía. Consideremos un punto. Este no tiene extensión y representa la dimensión cero. Al mover este punto a lo largo de una línea, generamos la primera dimensión: la longitud. Al desplazar la línea perpendicularmente a su orientación, se forma una superficie, la segunda dimensión con longitud y anchura. Un desplazamiento adicional, esta vez perpendicular a la superficie, nos lleva al espacio tridimensional que experimentamos a diario. Para ilustrar la cuarta dimensión, podemos continuar mentalmente este procedimiento, moviendo el espacio tridimensional perpendicularmente a todos sus ejes. El resultado de esta operación no puede representarse en nuestro espacio tridimensional, pero la analogía ayuda a comprender el principio de la expansión dimensional. Otro enfoque para visualizar dimensiones superiores utiliza proyecciones y secciones. Un cubo tridimensional proyectado

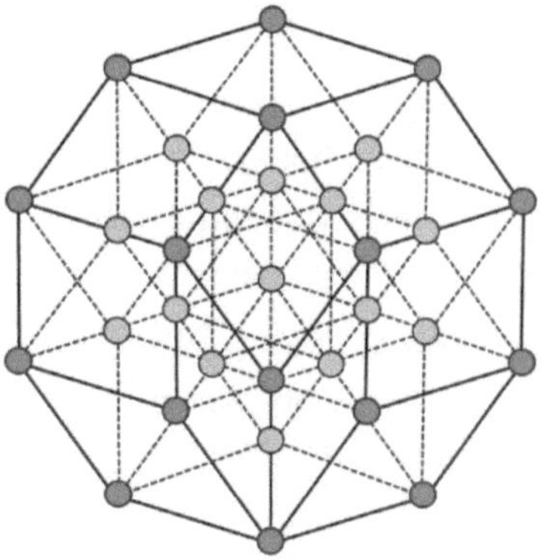

Hipercubo [i74]

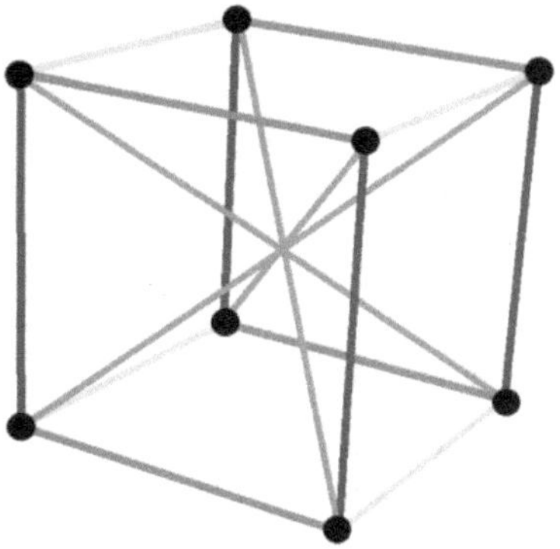

Politopo [i75]

sobre un plano bidimensional aparece como un cuadrado o, dependiendo del ángulo de proyección, como una forma más compleja. De manera análoga, podemos imaginar que un hipercubo de cuatro dimensiones, proyectado en nuestro espacio tridimensional, aparece como un cubo dentro de otro cubo, con las esquinas correspondientes conectadas. Al cortar un cubo tridimensional con un plano, obtenemos diferentes figuras bidimensionales, como cuadrados, triángulos o hexágonos, dependiendo de la dirección del corte. De manera similar, un hipercubo de cuatro dimensiones podría ser "cortado" a través de nuestro espacio tridimensional, donde el cuerpo de corte podría representar un cubo tridimensional u otras formas complejas. La consideración de tales proyecciones y secciones, realizadas a través de modelos computacionales o dibujos, puede ayudar a captar al menos parcialmente la estructura de objetos de dimensiones superiores. Otro aspecto que puede ser útil en la visualización de dimensiones es la descripción matemática. La posición de un punto en el espacio tridimensional se determina mediante tres coordenadas (x, y, z). En la cuarta dimensión, necesitamos una coordenada adicional (w) para definir de manera única la posición de un punto. Aunque no podemos imaginar directamente el espacio que abren estas cuatro coordenadas, podemos operar matemáticamente con él y explorar sus propiedades. Por ejemplo, se pueden calcular distancias y ángulos en dimensiones superiores, aunque no sean accesibles a nuestra intuición. El estudio de la matemática de dimensiones superiores abre nuevas perspectivas sobre las relaciones geométricas. Por ejemplo, en cuatro dimensiones existen seis polítopos regulares, que son análogos de los cuerpos platónicos en el espacio tridimensional. Estos objetos poseen propiedades fascinantes que pueden explorarse con herramientas matemáticas, incluso si su visualización completa en nuestro espacio tridimensional no es posible. La ocupación con tales conceptos matemáticos puede ampliar nuestra comprensión del espacio y las dimensiones, ayudándonos a superar los límites de nuestra percepción tridimensional. Un consejo práctico para

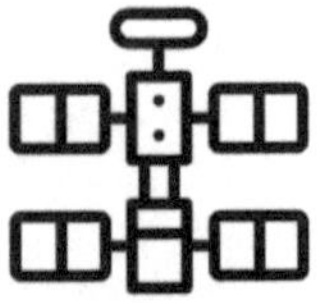

acercarse a dimensiones superiores es comenzar con dimensiones inferiores y aumentar gradualmente la complejidad. Dibuja un punto, una línea, un cuadrado y un cubo. Intenta entender las relaciones entre estos objetos y cómo surgen al añadir una dimensión adicional. Luego, construye la proyección de un cubo sobre un plano y visualiza diferentes secciones a través del cubo. Este ejercicio puede ayudarte a interiorizar los principios de la expansión dimensional y a acercarte gradualmente a la idea de dimensiones superiores. En el siguiente paso, podrías intentar dibujar las redes de objetos de cuatro dimensiones y visualizar su plegado en el espacio cuatridimensional. Aunque la visualización completa de estos objetos puede ser difícil, trabajar con sus proyecciones y redes puede proporcionar una comprensión más profunda de su estructura.

Bueno saber

Hipercubo

Un hipercubo es un análogo de cuatro dimensiones de un cubo. Tiene 16 vértices, 32 aristas, 24 caras y 8 celdas tridimensionales, que son cubos. Su proyección en el espacio tridimensional puede representarse como dos cubos entrelazados, cuyas esquinas correspondientes están conectadas.

Polítopo

Los polítopos son la generalización de los polígonos y poliedros a dimensiones superiores. Un politopo de cuatro dimensiones también se denomina polichoron. En cuatro dimensiones, hay seis polítopos convexos regulares, análogos a los cinco cuerpos platónicos en tres dimensiones.

Proyección

Una proyección es la representación de un objeto de un espacio de dimensiones superiores en un espacio de dimensiones inferiores. En este proceso, se pierde información sobre la extensión espacial en las dimensiones no representadas. La proyección de un objeto de cuatro dimensiones en el espacio tridimensional puede ayudar a visualizar su estructura, aunque no se conserve toda la información sobre su forma.

Escala Cósmica

Comparando Tamaños en el Universo

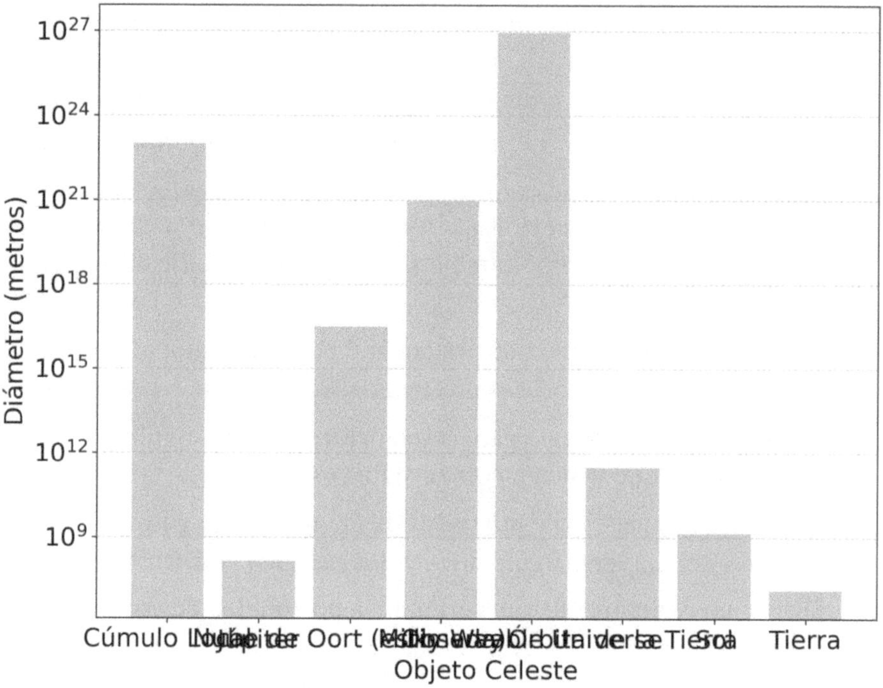

Ear: Tierra

Loc: Cúmulo Local

Obs: Universo Observable

Orb: Órbita de la Tierra

Jup: Júpiter

Mil: Vía Láctea

Oly: Nube de Oort (estimada)

Sun: Sol

Este gráfico demuestra visualmente las vastas diferencias de escala en todo el universo. Desde la Tierra y el Sol relativamente pequeños, las magnitudes aumentan exponencialmente a medida que nos movemos hacia estructuras más grandes como las galaxias y los cúmulos de galaxias. El universo observable empequeñece incluso estas enormes estructuras, destacando la escala verdaderamente incomprensible del cosmos.

Consejos concretos

- Imagina que viajas a la velocidad de la luz: ¿qué objetos cósmicos alcanzarías primero y cómo se verían de cerca?
- Desarrolla un experimento mental: ¿cómo podrían las generaciones futuras utilizar la curvatura del espacio-tiempo para viajar más rápido que la luz?
- Diseña un sistema de propulsión hipotético para una nave espacial que utilice la energía de los agujeros negros para explorar la infinitud.
- Reflexiona sobre cómo el descubrimiento de una estructura de mayor dimensión en el universo cambiaría nuestra concepción del espacio y el tiempo.
- Esboza un concepto para una estación de investigación ubicada en un asteroide que explore las profundidades del espacio desde allí.
- Desarrolla una estrategia para comunicarte con una civilización extraterrestre que habita en otro sistema estelar.
- Imagina que puedes viajar a través de un agujero de gusano: ¿qué regiones del universo explorarías y qué peligros podrían acechar?
- Diseña un experimento que verifique la posibilidad de universos paralelos mediante observaciones astronómicas.
- Reflexiona sobre cómo podríamos utilizar los recursos del cinturón de asteroides para facilitar la exploración de la infinitud.
- Desarrolla un concepto para un telescopio capaz de observar las primeras estrellas después del Big Bang.
- Imagina que puedes ralentizar el tiempo: ¿qué eventos cósmicos observarías y qué conocimientos podrías obtener?

Revisión - 5. Viajes Espaciales y Cosmos

La exploración del cosmos a menudo comienza con el deseo de observar y documentar las maravillas del cielo nocturno. Desde una simple mirada a la Estación Espacial Internacional (ISS) hasta el análisis complejo de la expansión del universo, la astronomía aficionada ofrece posibilidades fascinantes. "Espacio y universo: El atlas práctico del cosmos para astrónomos aficionados" proporciona fundamentos valiosos. Pero, ¿cómo se pueden aplicar esta información en la práctica? Este texto le ofrece recomendaciones concretas y lo guía a través de los desafíos de la observación del cielo.

En primer lugar, debe familiarizarse con las herramientas disponibles para calcular los sobrevuelo de satélites. Sitios web y aplicaciones ofrecen predicciones precisas que consideran su ubicación y los satélites deseados. Preste atención a la elevación, que le indica cuán alto aparece el satélite sobre el horizonte. Valores bajos significan que el satélite puede ser cubierto por edificios o árboles. Planifique su observación para un momento de alta elevación y consulte el pronóstico del tiempo: las nubes pueden afectar significativamente su visibilidad. El brillo (magnitud) indica cuán bien es visible el satélite. Los valores negativos significan alto brillo. Por ejemplo, la ISS a menudo alcanza una magnitud de -4, siendo más brillante que la mayoría de las estrellas.

El seguimiento de las órbitas de los satélites en tiempo real requiere sistemas de seguimiento especializados. Estos utilizan sensores y servomotores para determinar con precisión la posición del satélite en el cielo y alinear automáticamente sus instrumentos de observación, como telescopios. La elección del lugar de observación también juega un papel importante. Busque un lugar con vista despejada al cielo, lejos de fuentes de luz molestas. Tenga en cuenta que las condiciones atmosféricas y el efecto Doppler pueden influir en las mediciones. Los futuros sistemas de seguimiento podrían utilizar técnicas de IA para compensar estos efectos y mejorar aún más la precisión de las predicciones.

La documentación de sus observaciones es esencial. Para la astrofotografía, necesita una cámara con opciones de ajuste manual, un trípode estable y, idealmente, un seguimiento motorizado. Experimente con el tiempo de exposición, la apertura y el valor ISO para lograr la mejor calidad de imagen. Los tiempos de exposición largos permiten representar la trayectoria del satélite como una estela en el cielo estrellado. Tiempos de exposición más cortos capturan el satélite como un punto. Después del sobrevuelo, puede editar sus fotos y combinarlas en un video de lapso de tiempo. Documente sus tomas cuidadosamente con metadatos como fecha, hora y configuraciones de la cámara.

La aplicación de sistemas de coordenadas es esencial para localizar objetos celestes con precisión. El sistema de coordenadas ecuatoriales, basado en la ascensión recta y la declinación, es ampliamente utilizado. El sistema de coordenadas galácticas se refiere a la Vía Láctea. Conocer estos sistemas permite la navegación en el atlas del espacio y el seguimiento de los movimientos de los objetos. La catalogación de objetos celestes, apoyada por espectroscopía y astrometría, amplía nuestro conocimiento sobre el universo. Lleve registros detallados de observación para documentar sus hallazgos y compararlos con otros datos. Utilice herramientas digitales para organizar y analizar sus datos. La medición de efectos de expansión y la demostración de la curvatura del espacio son temas complejos que requieren una comprensión más profunda de la cosmología. La visualización de dimensiones superiores representa un desafío cognitivo, pero las analogías, proyecciones y descripciones matemáticas pueden ayudar a hacer estos conceptos más tangibles.

La exploración del cosmos es un viaje lleno de desafíos y descubrimientos. Con las herramientas adecuadas, un enfoque sistemático y una dosis de paciencia, usted también puede explorar los secretos del universo y profundizar su entusiasmo por la astronomía. Déjese inspirar por las infinitas vastedades del espacio y comience su propio viaje de descubrimiento.

Ofertas adicionales gratuitas planificadas

Nos complace poder ofrecerle en el futuro materiales complementarios gratuitos para este libro:

- Un capítulo bonus exclusivo con contenido adicional
- Un resumen compacto de todo el libro en formato PDF
- Una versión de radioteatro (En Planificación)

Se prevé que estos materiales se publiquen en 2025.
Le invitamos a visitar nuestro sitio web hoy mismo. Cuando se lance nuestro servicio de boletín (previsto para 2025), podrá registrarse para recibir actualizaciones y no perderse ninguna novedad sobre las ofertas adicionales gratuitas.

www.SaageBooks.com/es/descubre_el_universo-bonus-K957UD

Estimados lectores,

Nos sentimos profundamente honrados de que hayan dedicado tiempo a leer nuestro libro de principio a fin. Nuestro mayor deseo es proporcionarles ideas valiosas y orientación práctica. Su confianza en nuestro trabajo significa mucho para nosotros. Esperamos que la lectura haya sido enriquecedora para ustedes. Si tienen alguna pregunta o sugerencia, no duden en contactarnos a través de nuestro sitio web.

Si han disfrutado de este libro, agradeceríamos enormemente una reseña honesta. Pueden dejar fácilmente su valoración honesta en la plataforma de venta donde compraron el libro.
¡Gracias por su apoyo!

Bendis Saage

Saage Media GmbH - Equipo

www.SaageBooks.com/es

¡Descubre más! Nuestro sitio web editorial te ofrece una variada selección de libros adicionales. Además de contenido gratuito y materiales exclusivos de bonificación, encontrarás información detallada sobre nuestras obras. Explora nuestra extensa oferta digital y déjate inspirar por experiencias adicionales de lectura.

www.SaageBooks.com/es

Fuentes

Nuestro sincero agradecimiento a todos los autores de las fuentes científicas y no científicas citadas, a los operadores de los sitios web referenciados y a los creadores de las imágenes, gráficos y estudios utilizados, cuyo valioso trabajo ha contribuido a la creación de este libro.

Para más información, le recomendamos visitar los sitios web de las fuentes.

Si descubre errores de asignación u otras inconsistencias, por favor contáctenos.

Todas las fuentes fueron consultadas por última vez el: 2025-02-12

[s1] - https://www.mdpi.com/2072-4292/7/1/24

Autor:	Fulong Chen, Nicola Masini, Ruixia Yang, Pietro Milillo, Dexian Feng, Rosa Lasaponara	**Título:**	A Space View of Radar Archaeological Marks: First Applications of COSMO-SkyMed X-Band Data
por:	Multidisciplinary Digital Publishing Institute	**DOI:**	10.3390/rs70100024
Fecha:	2014-12-23	**Editorial:**	Multidisciplinary Digital Publishing Institute

[s2] - https://dx.doi.org/10.14586/astroedu/1648

Autor:	Markus Nielbock (Haus der Astronomie)	**Título:**	Navigate like a Viking – Use the Sun, not your phone!
por:	astroEDU	**DOI:**	10.14586/astroedu/1648
Fecha:	2018-05-03	**Sitio web:**	astroEDU

[s3] - https://www.mdpi.com/2313-7673/9/7/375

Autor:	Yiting Tao, Asanka Perera, Samuel Teague, Timothy McIntyre, Eric Warrant, Javaan Chahl	**Título:**	Computer Vision Techniques Demonstrate Robust Orientation Measurement of the Milky Way Despite Image Motion
por:	Multidisciplinary Digital Publishing Institute	**DOI:**	10.3390/biomimetics9070375
Fecha:	2024-06-21	**Sitio web:**	MDPI
Editorial:	Multidisciplinary Digital Publishing Institute		

[s4] - https://www.mdpi.com/1424-8220/23/10/4869

Autor:	Joshua J. R. Critchley-Marrows, Daniele Mortari	**Título:**	A Return to the Sextant—Maritime Navigation Using Celestial Bodies and the Horizon
por:	Multidisciplinary Digital Publishing Institute	**DOI:**	10.3390/s23104869
Fecha:	2023-05-18	**Sitio web:**	MDPI
Editorial:	Multidisciplinary Digital Publishing Institute		

[s5] - https://www.mdpi.com/2504-446X/8/11/652

Autor:	Samuel Teague, Javaan Chahl	**Título:**	An Algorithm for Affordable Vision-Based GNSS-Denied Strapdown Celestial Navigation
por:	Multidisciplinary Digital Publishing Institute	**DOI:**	10.3390/drones8110652
Fecha:	2024-11-07	**Sitio web:**	MDPI
Editorial:	Multidisciplinary Digital Publishing Institute		

[s6] - https://pmc.ncbi.nlm.nih.gov/articles/PMC5805938/

Autor:	James J Foster, Jochen Smolka, Dan-Eric Nilsson, Marie Dacke	**Título:**	How animals follow the stars
por:	Department of Biology, Lund University, Sölvegatan 35, Lund 223 62, Sweden	**DOI:**	10.1098/rspb.2017.2322
Fecha:	2018 Jan 24	**Sitio web:**	PubMed Central (PMC)
Editorial:	Proceedings of the Royal Society B: Biological Sciences		

[s7] - https://dx.doi.org/10.14586/astroedu/1645

Autor:	Markus Nielbock (Haus der Astronomie)	**Título:**	Navigation in the ancient Mediterranean and beyond
por:	astroEDU	**DOI:**	10.14586/astroedu/1645
Fecha:	2017-07-28	**Sitio web:**	astroEDU

[s8] - https://pmc.ncbi.nlm.nih.gov/articles/PMC5805938/

Autor:	James J Foster, Jochen Smolka, Dan-Eric Nilsson, Marie Dacke	**Título:**	How animals follow the stars
por:	Department of Biology, Lund University	**DOI:**	10.1098/rspb.2017.2322
Fecha:	2018 Jan 24	**Sitio web:**	PubMed Central (PMC)
Editorial:	Proceedings of the Royal Society B: Biological Sciences		

[s9] - https://www.mdpi.com/2075-471X/11/2/26

Autor:	Ciara Finnegan	**Título:**	Indigenous Interests in Outer Space: Addressing the Conflict of Increasing Satellite Numbers with Indigenous Astronomy Practices
por:	Multidisciplinary Digital Publishing Institute	**DOI:**	10.3390/laws11020026
Fecha:	2022-03-22	**Sitio web:**	mdpi.com
Editorial:	Multidisciplinary Digital Publishing Institute		

[s10] - https://www.mdpi.com/2304-6732/11/9/873

Autor:	Muhammad A. Butt	**Título:**	A Comprehensive Exploration of Contemporary Photonic Devices in Space Exploration: A Review
por:	Multidisciplinary Digital Publishing Institute	**DOI:**	10.3390/photonics11090873
Fecha:	2024-09-18	**Sitio web:**	MDPI
Editorial:	Multidisciplinary Digital Publishing Institute		

[s11] - https://www.mdpi.com/2571-9408/4/4/211

Autor:	Kyriakos Efstathiou, Marianna Efstathiou, Alexandros Basiakoulis, Neofytos Kokkinos	**Título:**	The Antikythera Mechanism: The Prove of the Accuracy of the Astronomical Calculations Based on It
por:	Multidisciplinary Digital Publishing Institute	**DOI:**	10.3390/heritage4040211
Fecha:	2021-10-21	**Sitio web:**	MDPI
Editorial:	Multidisciplinary Digital Publishing Institute		

[s12] - https://dx.doi.org/10.37282/991819.22.41

Autor:	Casey Papovich	**Título:**	A First Year of Discovery	Casey Papovich	Inference
por:	Inference	**DOI:**	10.37282/991819.22.41
Fecha:	2022-07-08	**Sitio web:**	Inference
Editorial:	Inference		

[s13] - https://dx.doi.org/10.37282/991819.22.41

Autor:	Casey Papovich	**Título:**	A First Year of Discovery
por:	Inference	**DOI:**	10.37282/991819.22.41
Fecha:	2022-07-08	**Sitio web:**	Inference
Editorial:	Inference		

[s14] - https://pmc.ncbi.nlm.nih.gov/articles/PMC10424525/

Autor:	Hugo A van den Berg	**Título:**	Beholding the cosmos: Huygens' Cosmotheoros and the latter-day Copernicans
por:	University of Warwick	**DOI:**	10.1177/0036850419872918
Fecha:	2019 Aug 26	**Sitio web:**	PubMed Central (PMC)
Editorial:	Science Progress		

[s15] - https://pmc.ncbi.nlm.nih.gov/articles/PMC7658778/

Autor:	L N Fletcher, A A Simon, M D Hofstadter, C S Arridge, Ian J Cohen, A Masters, K Mandt, A Coustenis	**Título:**	Ice giant system exploration in the 2020s: an introduction
DOI:	10.1098/rsta.2019.0473	**Fecha:**	2020 Nov 9
Sitio web:	PubMed Central (PMC)		

[s16] - https://pmc.ncbi.nlm.nih.gov/articles/PMC9649581/

Autor:	Charlotte Goetz, Etienne Behar, Arnaud Beth, Dennis Bodewits, Steve Bromley, Jim Burch, Jan Deca, Andrey Divin, Anders I Eriksson, Paul D Feldman, Marina Galand, Herbert Gunell, Pierre Henri, Kevin Heritier, Geraint H Jones, Kathleen E Mandt, Hans Nilsson, John W Noonan, Elias Odelstad, Joel W Parker, Martin Rubin, Cyril Simon Wedlund, Peter Stephenson, Matthew G G T Taylor, Erik Vigren, Sarah K Vines, Martin Volwerk	**Título:**	The Plasma Environment of Comet 67P/Churyumov-Gerasimenko
DOI:	10.1007/s11214-022-00931-1	**Fecha:**	2022 Nov 10
Sitio web:	PubMed Central (PMC)	**Editorial:**	Space Science Reviews

[s17] - https://dx.doi.org/10.1051/0004-6361/201527295

Autor:	I. G. Usoskin, Y. Gallet, F. Lopes, G. A. Kovaltsov, G. Hulot	**Título:**	Solar activity during the Holocene: the Hallstatt cycle and its consequence for grand minima and maxima
DOI:	10.1051/0004-6361/201527295	**Fecha:**	2016/03/04
Sitio web:	Astronomy & Astrophysics (A&A)	**Editorial:**	EDP Sciences

[s18] - https://dx.doi.org/doi:10.1051/0004-6361:20077704

Autor:	I. G. Usoskin, S. K. Solanki, G. A. Kovaltsov	**Título:**	Grand minima and maxima of solar activity: new observational constraints
por:	Astronomy & Astrophysics (A&A)	**DOI:**	10.1051/0004-6361:20077704
Fecha:	2007/06/06	**Sitio web:**	www.aanda.org
Editorial:	EDP Sciences		

[s19] - https://www.mdpi.com/2218-1997/9/9/424

Autor:	Sergey L. Cherkas, Vladimir L. Kalashnikov	**Título:**	Rotational Curves of the Milky Way Galaxy and Andromeda Galaxy in Light of Vacuum Polarization around Eicheon
por:	Multidisciplinary Digital Publishing Institute	**DOI:**	10.3390/universe9090424
Fecha:	2023-09-21	**Sitio web:**	MDPI
Editorial:	Multidisciplinary Digital Publishing Institute		

[s20] - https://dx.doi.org/10.1051/0004-6361/201629991

Autor:	P. Tenjes, T. Tuvikene, A. Tamm, R. Kipper, E. Tempel	**Título:**	Spiral arms and disc stability in the Andromeda galaxy
por:	Astronomy & Astrophysics (A&A)	**DOI:**	10.1051/0004-6361/201629991
Fecha:	2017/03/24	**Sitio web:**	www.aanda.org
Editorial:	EDP Sciences		

[s21] - https://www.mdpi.com/2075-4434/6/4/142

Autor:	Valentina Vacca, Matteo Murgia, Federica Govoni, Torsten Enßlin, Niels Oppermann, Luigina Feretti, Gabriele Giovannini, Francesca Loi	**Título:**	Magnetic Fields in Galaxy Clusters and in the Large-Scale Structure of the Universe
por:	Multidisciplinary Digital Publishing Institute	**DOI:**	10.3390/galaxies6040142
Fecha:	2018-12-17	**Sitio web:**	MDPI
Editorial:	Multidisciplinary Digital Publishing Institute		

[s22] - https://dx.doi.org/10.1051/0004-6361/201116494

Autor:	W. A. Weidmann, R. Gamen	**Título:**	Central stars of planetary nebulae - II. New OB-type and emission-line stars
por:	Astronomy & Astrophysics (A&A)	**DOI:**	10.1051/0004-6361/201116494
Fecha:	2011/07/08	**Sitio web:**	www.aanda.org
Editorial:	EDP Sciences		

[s23] - https://dx.doi.org/10.1051/0004-6361/202141890

Autor:	Rebeca Galera-Rosillo, Antonio Mampaso, Romano L. M. Corradi, Jorge García-Rojas, Bruce Balick, David Jones, Karen B. Kwitter, Laura Magrini, Eva Villaver	**Título:**	On the most luminous planetary nebulae of M 31
DOI:	10.1051/0004-6361/202141890	**Fecha:**	2022/01/12
Sitio web:	Astronomy & Astrophysics (A&A)	**Editorial:**	EDP Sciences

[s24] - https://pubmed.ncbi.nlm.nih.gov/20686568/

Autor:	Hart M; Milton NM; Baranec C; Powell K; Stalcup T; McCarthy D; Kulesa C; Bendek E	**Título:**	A ground-layer adaptive optics system with multiple laser guide stars
DOI:	10.1038/nature09311	**Fecha:**	08/05/2010
Sitio web:	PubMed	**Editorial:**	Nature

[s25] - https://dx.doi.org/10.32388/E91Y8I

Autor:	Marcus Arvan, University of Tampa	**Título:**	Reinterpreting Relativity: Using the Equivalence Principle to Explain Away Cosmological Anomalies
DOI:	10.32388/E91Y8I	**Fecha:**	2023-09-26
Sitio web:	Qeios		

[s26] - https://doi.org/10.1051/0004-6361:200809691

Autor:	A. Franceschini, G. Rodighiero, M. Vaccari	**Título:**	Extragalactic optical-infrared background radiation, its time evolution and the cosmic photon-photon opacity
por:	Astronomy & Astrophysics (A&A), EDP Sciences	**DOI:**	10.1051/0004-6361:200809691
Fecha:	2008/06/24	**Sitio web:**	Astronomy & Astrophysics
Editorial:	EDP Sciences		

[s27] - https://www.mdpi.com/2218-1997/8/5/282

Autor: Andrey V. Bogomolov, Vitaliy V. Bogomolov, Anatoly F. Iyudin, Valery E. Eremeev, Vladimir V. Kalegaev, Irina N. Myagkova, Vladislav I. Osedlo, Vasiliy L. Petrov, Oleg Y. Peretjat'ko, Mikhail I. Prokhorov, Sergey I. Svertilov, Yury K. Zaiko, Ivan V. Yashin, Vitaliy Y. Prokop'ev, Aleksey S. Styuf, Sergey V. Krasnopeev, Aleksandr P. Papkov
Título: Space Weather Effects from Observations by Moscow University Cubesat Constellation
por: Moscow State University
DOI: 10.3390/universe8050282
Fecha: 2022-05-12
Sitio web: MDPI
Editorial: Multidisciplinary Digital Publishing Institute

[s28] - https://www.mdpi.com/1424-8220/22/2/608

Autor: Cameron Aume, Keith Andrews, Shantanu Pal, Alice James, Avishkar Seth, Subhas Mukhopadhyay
Título: TrackInk: An IoT-Enabled Real-Time Object Tracking System in Space
por: Multidisciplinary Digital Publishing Institute
DOI: 10.3390/s22020608
Fecha: 2022-01-13
Sitio web: mdpi.com
Editorial: Multidisciplinary Digital Publishing Institute

[s29] - https://pmc.ncbi.nlm.nih.gov/articles/PMC11359901/

Autor: Ekta Sharma, Ravinesh C Deo, Christopher P Davey, Brad D Carter
Título: Artificial Intelligence-Empowered Doppler Weather Profile for Low-Earth-Orbit Satellites
por: University of Southern Queensland; Centre for Astrophysics, University of Southern Queensland
DOI: 10.3390/s24165271
Fecha: 2024 Aug 14
Sitio web: PMC

[s30] - https://pmc.ncbi.nlm.nih.gov/articles/PMC11263374/

Autor: Muhammad Tahir, Bu Yude, Tahir Mehmood, Saima Bashir, Yi Zhenping, Muhammad Awais
Título: Classification of LAMOST spectra of B-type and hot subdwarf stars using kernel support vector machine
DOI: 10.1038/s41598-024-66687-6
Fecha: 2024 Jul 22
Sitio web: PubMed Central (PMC)
Editorial: Scientific Reports

[s31] - https://www.mdpi.com/2076-3417/12/7/3593

Autor: Meiying Liu, Hu Wang, Hongwei Yi, Yaoke Xue, Desheng Wen, Feng Wang, Yang Shen, Yue Pan
Título: Space Debris Detection and Positioning Technology Based on Multiple Star Trackers
por: Multidisciplinary Digital Publishing Institute
DOI: 10.3390/app12073593
Fecha: 2022-04-01
Sitio web: mdpi.com
Editorial: Multidisciplinary Digital Publishing Institute

[s32] - https://pmc.ncbi.nlm.nih.gov/articles/PMC314128/

Autor:	Robert P Kirshner	**Título:**	Hubble's diagram and cosmic expansion
por:	Harvard–Smithsonian Center for Astrophysics	**DOI:**	10.1073/pnas.2536799100
Fecha:	2003 Dec 26	**Sitio web:**	PubMed Central (PMC)
Editorial:	Proceedings of the National Academy of Sciences of the United States of America		

[s33] - https://pmc.ncbi.nlm.nih.gov/articles/PMC33557/

Autor:	Robert P Kirshner	**Título:**	Supernovae, an accelerating universe and the cosmological constant
por:	Harvard-Smithsonian Center for Astrophysics	**DOI:**	10.1073/pnas.96.8.4224
Fecha:	1999 Apr 13	**Sitio web:**	PubMed Central (PMC)
Editorial:	Proceedings of the National Academy of Sciences of the United States of America		

[s34] - https://dx.doi.org/10.1051/0004-6361/202346992

Autor:	E. Tomasetti, M. Moresco, N. Borghi, K. Jiao, A. Cimatti, L. Pozzetti, A. C. Carnall, R. J. McLure, L. Pentericci	**Título:**	A new measurement of the expansion history of the Universe at z = 1.26 with cosmic chronometers in VANDELS
por:	Astronomy & Astrophysics (A&A)	**DOI:**	10.1051/0004-6361/202346992
Fecha:	2023/11/15	**Sitio web:**	aanda.org
Editorial:	EDP Sciences		

[s35] - https://dx.doi.org/10.32388/E91Y8I

Autor:	Marcus Arvan	**Título:**	Reinterpreting Relativity: Using the Equivalence Principle to Explain Away Cosmological Anomalies
por:	University of Tampa	**DOI:**	10.32388/E91Y8I
Fecha:	2023-09-26	**Sitio web:**	Qeios

Fuentes de imágenes

Las imágenes no listadas son de creación propia o fueron adquiridas con la licencia correspondiente. Todos los derechos están reservados para estas imágenes.

Para todas las demás imágenes listadas aquí:
Ninguna de las imágenes fue modificada, solo se ajustó la resolución. En la versión eBook, las imágenes se compilaron en collages numerados. Todas las imágenes permanecen sujetas a su licencia original y se utilizan de acuerdo con sus respectivos términos de licencia. Si descubre errores de atribución u otras discrepancias, contáctenos.

Fecha de la revisión final de la imagen: 2025-02-12.

Licencia utilizada

CC0 http://creativecommons.org/publicdomain/zero/1.0/deed.en

Créditos de imágenes

[i1] - 001_001_002_image_deepskyobjekte.jpeg
https://upload.wikimedia.org/wikipedia/commons/8/80/Orion_3008_huge_%28detail%29.jpg

Date:	2008-05-01	**por:**	Henrykus
Artista:	HeNRyKus	**License:**	Public domain

[i2] - 001_001_002_image_lichtverschmutzung.jpeg
https://upload.wikimedia.org/wikipedia/commons/e/e1/Earth%27s_City_Lights_by_DMSP%2C_1994-1995_%28large%29.jpg

Date:	between	**por:**	Tholme
Artista:	Data: Marc Imhoff/NASA GSFC, Christopher Elvidge/NOAA NGDC; Image: Craig Mayhew and Robert Simmon/NASA GSFC	**License:**	Public domain

[i3] - 001_001_002_image_offener_sternhaufen.jpeg
https://upload.wikimedia.org/wikipedia/commons/5/58/NGC265.jpg

Date:	2006-04-18	**por:**	Jmencisom
Artista:	Image Credit: ESA and NASAAcknowledgment: E. Olszewski (University of Arizona)	**License:**	Public domain

[i4] - 001_002_001_image_milchstrasse.jpeg
https://upload.wikimedia.org/wikipedia/commons/9/9e/Milky_Way_IR_Spitzer.jpg

Date:	released	**por:**	Winiar
Artista:	Credit: NASA/JPL-Caltech/S. Stolovy (Spitzer Science Center/Caltech)	**License:**	Public domain

[i5] - 001_002_001_image_sextant.jpeg
https://upload.wikimedia.org/wikipedia/commons/4/4d/Sextant-2.jpg

Date:	2006-09-29	**por:**	Loveless
License:	Public domain		

[i6] - 001_002_001_image_sonnenuhr.jpeg
https://upload.wikimedia.org/wikipedia/commons/1/1e/Bexhill_sundial%2C_June_2021.jpg

Date:	2021-06-08	**por:**	Poliphilo
License:	CC0		

[i7] - 001_002_003_image_zirkumpolar.jpeg
https://upload.wikimedia.org/wikipedia/commons/2/23/Long_exposition_of_the_star_trails_with_circumpolar_stars.jpg

Date:	2018-11-09	**por:**	A1Cafel
Artista:	hjrivas	**License:**	CC0

[i8] - 001_003_001_image_azimutale_projektion.jpeg
https://upload.wikimedia.org/wikipedia/commons/1/1a/Lambert_azimuthal_equal-area_projection_118.png

Date:	2007-11-19	**por:**	Prasinos
Artista:	prasinos	**License:**	Public domain

[i9] - 001_003_002_image_leo.jpeg
https://upload.wikimedia.org/wikipedia/commons/2/29/Starling%E2%80%99s_four_CubeSats_in_low_Earth_orbit_%28illustration%29_%28ACD23-0077-004%29.jpg

Date:	Taken	**por:**	OptimusPrimeBot
Artista:	NASA Ames Research Center / NASA	**License:**	Public domain

[i10] - 001_003_002_image_photodetektor.jpeg
https://upload.wikimedia.org/wikipedia/commons/c/cb/Integrated_circuit_optical_sensor.jpg

Date:	3/1/2010	**por:**	Xoneca
License:	Public domain		

[i11] - 001_003_003_image_refraktor.jpeg
https://upload.wikimedia.org/wikipedia/commons/0/01/Yerkes_40_inch_Refractor_Telescope-2006.jpg

Date:	2006-12-09	**por:**	CarolSpears
Artista:	user Kb9vrg	**License:**	Public domain

[i12] - 001_003_003_image_astrokamera.jpeg
https://upload.wikimedia.org/wikipedia/commons/8/8f/Crescent_Nebula_-_Flickr_-_astrophotography_andy.jpg

Date:	Taken	**por:**	Red panda bot
Artista:	Andy Weeks	**License:**	CC0

[i13] - 001_003_003_image_katadioptrisches_system.jpeg
https://upload.wikimedia.org/wikipedia/commons/8/83/500mmMirrorLens.jpg

Date:	2005-02-10	**por:**	Rama
Artista:	Hellbus	**License:**	Public domain

[i14] - 002_001_002_image_gasriesen.jpeg
https://upload.wikimedia.org/wikipedia/commons/5/5a/Jupiter_by_Cassini-Huygens.jpg

Date:	2000-12-07	**por:**	Jcpag2012
Artista:	NASA/JPL/University of Arizona	**License:**	Public domain

[i15] - 002_001_002_image_jupiter.jpeg
https://upload.wikimedia.org/wikipedia/commons/7/75/Portrait_of_Jupiter_from_Cassini.jpg

Date:	9 December 2000	**por:**	Cmao20
Artista:	NASA/JPL/Space Science Institute	**License:**	Public domain

[i16] - 002_001_002_image_saturn.jpeg
https://upload.wikimedia.org/wikipedia/commons/c/c7/Saturn_during_Equinox.jpg

Date:	2008-07-23	**por:**	Pi.1415926535
Artista:	NASA	**License:**	Public domain

[i17] - 002_001_002_image_kallisto.jpeg
https://upload.wikimedia.org/wikipedia/commons/e/e9/Callisto.jpg

Date:	2001-08-22	**por:**	Bricktop
Artista:	NASA/JPL/DLR(German Aerospace Center)	**License:**	Public domain

[i18] - 002_001_002_image_ringsystem.jpeg
https://upload.wikimedia.org/wikipedia/commons/f/fa/Saturn%27s_Rings_in_Ultraviolet_Light.png

Date:	2011-06-24	**por:**	Cmdrjameson
Artista:	NASA.	**License:**	Public domain

[i19] - 002_001_002_image_titan.jpeg
https://upload.wikimedia.org/wikipedia/commons/4/45/Titan_in_true_color.jpg

Date:	2012-01-30	**por:**	CactiStaccingCrane
Artista:	NASA/JPL-Caltech/Space Science Institute	**License:**	Public domain

[i20] - 002_001_002_image_ganymed.jpeg
https://upload.wikimedia.org/wikipedia/commons/2/2e/Ganymede_g1_true.jpg

Date:	1998-05-08	**por:**	Jcpag2012
Artista:	NASA/JPL	**License:**	Public domain

[i21] - 002_001_002_image_grosser_roter_fleck.jpeg
https://upload.wikimedia.org/wikipedia/commons/7/71/PIA22946-Jupiter-RedSpot-JunoSpacecraft-20190212.jpg

Date:	Taken	**por:**	Drbogdan
Artista:	NASA/JPL-Caltech/SwRI/MSSS/ Kevin M. Gill	**License:**	Public domain

[i22] - 002_001_003_image_opposition.jpeg
https://upload.wikimedia.org/wikipedia/commons/0/03/Ceres_opposition_effect.png

Date:	2019-01-11	**por:**	Renerpho
Artista:	NASA/JPL-Caltech/UCLA/MPS/ DLR/IDA	**License:**	Public domain

[i23] - 002_001_003_image_kryovulkan.jpeg
https://upload.wikimedia.org/wikipedia/commons/6/62/Doom_Mons%2C_Sotra_Patera%2C_Mohini_Fluctus_%28cropped%29.png

Date:	2007-02-22	**por:**	Sneeuwschaap
Artista:	NASA (radar image by Cassini probe)	**License:**	Public domain

[i24] - 002_002_002_image_koma_komet.jpeg
https://upload.wikimedia.org/wikipedia/commons/8/88/Kohoutek-uv.jpg

Date:	1973-12-25	**por:**	Paranoid123
Artista:	NASA	**License:**	Public domain

[i25] - 002_002_002_image_kometenschweif.jpeg
https://upload.wikimedia.org/wikipedia/commons/1/1f/Iss030e015472_Edit.jpg

Date:	2011-12-22	**por:**	Ottojula
Artista:	NASA/Dan Burbank	**License:**	Public domain

[i26] - 002_002_002_image_plasma_physik.jpeg
https://upload.wikimedia.org/wikipedia/commons/3/3c/Plasma_directed.jpg

Date:	published	**por:**	Inschanör~commonswiki
Artista:	Volker urban	**License:**	Public domain

[i27] - 002_002_003_image_komet.jpeg
https://upload.wikimedia.org/wikipedia/commons/3/3e/Deep_Impact_HRI.jpeg

Date:	2005-07-05	**por:**	The NMI User
Artista:	NASA/JPL-Caltech/UMD	**License:**	Public domain

[i28] - 002_002_003_image_radiant.jpeg
https://upload.wikimedia.org/wikipedia/commons/3/30/Meteor_burst.jpg

Date:	1995	**por:**	Hike395
Artista:	NASA Ames Research Center/S. Molau and P. Jenniskens	**License:**	Public domain

[i29] - 002_003_001_image_baumring.jpeg
https://upload.wikimedia.org/wikipedia/commons/7/7d/Tree.ring.arp.jpg

Date:	18 September 2005	**por:**	Arpingstone
License:	Public domain		

[i30] - 002_003_001_image_eisbohrkern.jpeg
https://upload.wikimedia.org/wikipedia/commons/9/9c/Icecore_4.jpg

Date:	2017-10-17	**por:**	David Levy
Artista:	Photo by Lonnie Thompson, Byrd Polar Research Center, Ohio State University.	**License:**	Public domain

[i31] - 002_003_001_image_sonnenfleck.jpeg
https://upload.wikimedia.org/wikipedia/commons/b/bc/Sunspot_TRACE.jpeg

Date:	APOD	**por:**	Conscious
Artista:	NASA/TRACE. (Public domain)	**License:**	Public domain

[i32] - 002_003_002_image_korona.jpeg
https://upload.wikimedia.org/wikipedia/commons/d/d9/Corona_from_Solar_Eclipse_on_8-21-17_%2835914011153%29.jpg

Date:	2017-08-21	**por:**	A1Cafel
Artista:	Stephen Rahn	**License:**	CC0

[i33] - 002_003_002_image_gravitationslinse.jpeg
https://upload.wikimedia.org/wikipedia/commons/0/02/Gravitational_lens-full.jpg

Date:	2005-04-18	**por:**	Lukius~commonswiki
License:	Public domain		

[i34] - 002_003_003_image_protuberanz.jpeg
https://upload.wikimedia.org/wikipedia/commons/a/a3/Giant_prominence_on_the_sun_erupted.jpg

Date:	2013-03-01	**por:**	Stas1995
Artista:	NASA/SDO/AIA/Goddard Space Flight Center	**License:**	Public domain

[i35] - 002_003_003_image_kalziumkfilter.jpeg
https://upload.wikimedia.org/wikipedia/commons/2/2c/Sunspots_on_11-26-2020_%2850650819966%29.jpg

Date:	2020-11-26	**por:**	A1Cafel
Artista:	Stephen Rahn	**License:**	CC0

[i36] - 003_001_001_image_exoplanet.jpeg
https://upload.wikimedia.org/wikipedia/commons/d/dc/NASA-Exoplanet-WaterWorlds-20180817.jpg

Date:	2018-08-17	**por:**	Drbogdan
Artista:	NASA	**License:**	Public domain

[i37] - 003_001_001_image_kugelsternhaufen.jpeg
https://upload.wikimedia.org/wikipedia/commons/6/68/M15_globular_cluster_core_%28opo9025a%29.jpg

Date:	16 January 1991	**por:**	OptimusPrimeBot
Artista:	NASA	**License:**	Public domain

[i38] - 003_001_001_image_radioteleskop.jpeg
https://upload.wikimedia.org/wikipedia/commons/8/83/Milky_Way_galaxy1.jpg

Date:	2020-10-19	**por:**	CRS-20
Artista:	National Aeronautics and Space Administration	**License:**	Public domain

[i39] - 003_001_001_image_spiralgalaxie.jpeg
https://upload.wikimedia.org/wikipedia/commons/0/02/NGC_2683_Spiral_galaxy.jpg

Date:	2012-03-31	**por:**	Dipankan001
Artista:	NASA	**License:**	Public domain

[i40] - 003_001_001_image_sternhaufen.jpeg
https://upload.wikimedia.org/wikipedia/commons/0/0c/Star_Cluster_R136_%28opo9404b%29.jpg

Date:	13 January 1994	**por:**	OptimusPrimeBot
Artista:	NASA	**License:**	Public domain

[i41] - 003_001_002_image_andromedagalaxie.jpeg
https://upload.wikimedia.org/wikipedia/commons/f/ff/Andromeda_galaxy.jpg

Date:	2003-12-10	**por:**	FriedrichKieferer
Artista:	NASA/JPL/California Institute of Technology	**License:**	Public domain

[i42] - 003_001_002_image_sternbild_andromeda.jpeg
https://upload.wikimedia.org/wikipedia/commons/8/8e/The_Andromeda_Galaxy_old.jpg

Date:	desconocido	**por:**	Killarnee
Artista:	NASA	**License:**	Public domain

[i43] - 003_001_002_image_teleskop.jpeg
https://upload.wikimedia.org/wikipedia/commons/9/99/James_Webb_Space_Telescope_Mirror37.jpg

Date:	2010-07-13	**por:**	Papa Lima Whiskey
Artista:	NASA/MSFC/David Higginbotham/ Emmett Given	**License:**	Public domain

[i44] - 003_001_003_image_elliptische_galaxien.jpeg
https://upload.wikimedia.org/wikipedia/commons/6/67/NGC_4697-_Black_Holes_in_Elliptical_Galaxy_Point_to_Wild_Youth_%282002-1140_-_1140_optical%29.jpg

Date:	4 June 2002	**por:**	OptimusPrimeBot
Artista:	Digital Sky SUrvey	**License:**	Public domain

[i45] - 003_001_003_image_galaxienhaufen.jpeg
https://upload.wikimedia.org/wikipedia/commons/b/bb/Firestorm_of_Star_Birth_in_Galaxy_Centaurus_A.jpg

Date:	2012-03-09	**por:**	Pine
Artista:	User:Dipankan001	**License:**	Public domain

[i46] - 003_001_003_image_radiohalo.jpeg
https://upload.wikimedia.org/wikipedia/commons/b/b9/Cluster_Collisions_Switch_on_Radio_Halos_-_Copy.jpg

Date:	2012-09-28	**por:**	ExtraRed
Artista:	Joseph DePasquale	**License:**	Public domain

[i47] - 003_002_001_image_reflektor.jpeg
https://upload.wikimedia.org/wikipedia/commons/e/ef/PSM_V81_D415_The_keeler_memorial_reflector_telescope.png

Date:	1912	**por:**	Ineuw
Artista:	Unknown authorUnknown author	**License:**	Public domain

[i48] - 003_002_001_image_nebelfilter.jpeg
https://upload.wikimedia.org/wikipedia/commons/8/86/Rosette_nebula_s.jpg

Date:	2007	**por:**	Ras67
Artista:	Nwright6302	**License:**	Public domain

[i49] - 003_002_001_image_schmalbandfilter.jpeg
https://upload.wikimedia.org/wikipedia/commons/8/85/Fleming%27s_Triangle_in_HOO_-_Flickr_-_astrophotography_andy.jpg

Date:	Taken	**por:**	Red panda bot
Artista:	Astrophoto Andy	**License:**	CC0

[i50] - 003_002_002_image_emissionslinien.jpeg
https://upload.wikimedia.org/wikipedia/commons/6/6e/Proplyd_in_Orion_Nebula_%281995-45-355%29.jpg

Date:	20 November 1995	**por:**	OptimusPrimeBot
Artista:	Credit: Mark McCaughrean (Max-Planck-Institute for Astronomy), C. Robert O'Dell (Rice University), and NASA	**License:**	Public domain

[i51] - 003_002_002_image_galaktische_ebene.jpeg
https://upload.wikimedia.org/wikipedia/commons/2/2f/Galactic_Center_Magnetized_Threads_radio.jpg

Date:	2021-04-26	**por:**	Artem.G
Artista:	X-ray: NASA/CXC/UMass/Q.D. Wang; Radio: NRF/SARAO/MeerKAT	**License:**	Public domain

[i52] - 003_002_002_image_oiiifilter.jpeg
https://upload.wikimedia.org/wikipedia/commons/4/47/Supernova_Remnant_Abell_85_in_HOO_-_Flickr_-_astrophotography_andy.jpg

Date:	Taken	**por:**	Red panda bot
Artista:	Astrophoto Andy	**License:**	CC0

[i53] - 003_002_002_image_zentralstern.jpeg
https://upload.wikimedia.org/wikipedia/commons/d/d1/Hen_1357-_A_Young_Planetary_Nebula_%281993-02-91%29.jpg

Date:	5 January 1993	**por:**	OptimusPrimeBot
Artista:	Credit: Matt Bobrowsky (CTA INCORPORATED), and NASA.	**License:**	Public domain

[i54] - 003_002_002_image_bulge.jpeg
https://upload.wikimedia.org/wikipedia/commons/d/d1/Galactic_Bulge_%282020-56-4762%29.png

Date:	27 October 2020	**por:**	OptimusPrimeBot
Artista:	CTIO/NOIRLab/NSF/AURA/, W. Clarkson (UM-Dearborn), C. Johnson (STScI), and M. Rich (UCLA)	**License:**	Public domain

[i55] - 003_002_003_image_plejaden.jpeg
https://upload.wikimedia.org/wikipedia/commons/a/ad/Reflection_nebula_IC_349_near_Merope.jpg

Date:	2007-09-17	**por:**	Liftarn
Artista:	Worldtraveller	**License:**	Public domain

[i56] - 003_002_003_image_astrofotografie.jpeg
https://upload.wikimedia.org/wikipedia/commons/8/89/NGC_2264_Christmas_Tree_Nebula.jpg

Date:	2018-03-20	**por:**	ToBeFree
Artista:	Dylan O'Donnell, deography.com	**License:**	CC0

[i57] - 003_003_001_image_runawaysterne.jpeg
https://upload.wikimedia.org/wikipedia/commons/c/ca/Runaway-star-zeta-ophiuchi-110125.jpg

Date:	2011-02-14	**por:**	Wimre
Artista:	NASA/JPL-Caltech/WISE Team	**License:**	Public domain

[i58] - 003_003_002_image_spektrum.jpeg
https://upload.wikimedia.org/wikipedia/commons/5/52/Globular_Cluster_NGC_1850%2C_Take_Two_%2852515824723%29.jpg

Date:	Taken	**por:**	OptimusPrimeBot
Artista:	NASA Hubble	**License:**	Public domain

[i59] - 003_003_003_image_infrarotstrahlung.jpeg
https://upload.wikimedia.org/wikipedia/commons/f/f7/Infrared_Helix.jpg

Date:	2006-01-09	**por:**	Mywood
Artista:	NASA/JPL-Caltech/J. Hora	**License:**	Public domain

[i60] - 004_001_001_image_schwarzes_loch.jpeg
https://upload.wikimedia.org/wikipedia/commons/a/ab/Black_hole_%28NASA%29.jpg

Date:	2001-10-22	**por:**	Keraunoscopia
Artista:	NASA/D. Berry	**License:**	Public domain

[i61] - 004_001_001_image_gravitationslinsenwirkung.jpeg
https://upload.wikimedia.org/wikipedia/commons/d/df/Gravitational_lensing_equation.png

Date:	2009-12-05	**por:**	Abeshenkov
License:	Public domain		

[i62] - 004_001_001_image_neutronenstern.jpeg
https://upload.wikimedia.org/wikipedia/commons/2/23/Neutron_Star_X-ray_beaming_with_accretion_disk.jpg

Date:	2014-10-08	**por:**	Raphael.concorde
Artista:	NASA	**License:**	Public domain

[i63] - 004_001_002_image_akkretionsscheibe.jpeg
https://upload.wikimedia.org/wikipedia/commons/a/a6/Black_Hole_with_Accretion_Disk_Visualization_%28SVS14619_-_1-Approaching_a_black_hole-HD_00001_print%29.jpg

Date:	17 July 2024	**por:**	OptimusPrimeBot
Artista:	NASA's Scientific Visualization Studio - Caltech-IPAC/Robert Hurt, Caltech-IPAC/Keith Miller, NASA/JPL/Chelsea Gohd, Global Science and Technology, Inc./Ella Kaplan, NASA/GSFC/Mark SubbaRao	**License:**	Public domain

[i64] - 004_002_001_image_hintergrundstrahlung.jpeg
https://upload.wikimedia.org/wikipedia/commons/e/ed/WMAP_2012.png

Date:	2012-12-21	**por:**	Ayane m
Artista:	NASA / WMAP Science Team	**License:**	Public domain

[i65] - 004_002_001_image_cherenkovlicht.jpeg
https://upload.wikimedia.org/wikipedia/commons/f/f5/Reactor-core-from-above-1400-opt_tcm18-278435.jpg

Date:	2020-10-16	**por:**	TheGamingEagle
Artista:	University of Massachusetts, Lowell	**License:**	Public domain

[i66] - 004_002_001_image_extragalaktische_strahlungsquelle.jpeg
https://upload.wikimedia.org/wikipedia/commons/3/31/Extragalactic_Space_Balls.jpg

Date:	2010-10-27	**por:**	Spitzersteph
Artista:	NASA/JPL-Caltech/T. Pyle (SSC/Caltech)	**License:**	Public domain

[i67] - 004_002_002_image_supernova.jpeg
https://upload.wikimedia.org/wikipedia/commons/d/d4/Keplers_supernova.jpg

Date:	The Chandra observations were taken in June 2000, the Hubble in August 2003, and the Spitzer in August 2004.	**por:**	BevinKacon
Artista:	NASA/ESA/JHU/R.Sankrit & W.Blair	**License:**	Public domain

[i68] - 004_002_002_image_aktiver_galaktischer_kern.jpeg
https://upload.wikimedia.org/wikipedia/commons/5/5a/A_Double_Nucleus_in_Active_Galaxy_Markarian_315_%281993-03-92%29.jpg

Date:	7 January 1993	**por:**	OptimusPrimeBot
Artista:	Photo Credit: J. MacKenty (STScl), and NASA.	**License:**	Public domain

[i69] - 005_001_001_image_iridiumflare.jpeg
https://upload.wikimedia.org/wikipedia/commons/8/83/Iridium_flare_20080807.png

Date:	2008-08-07	**por:**	Georange
Artista:	Gyorgy Jakubisz	**License:**	Public domain

[i70] - 005_001_002_image_satellitenkonstellation.jpeg
https://upload.wikimedia.org/wikipedia/commons/e/e2/GPS-constellation-3D-NOAA.jpg

Date:	2008-05-27	**por:**	Kf4yfd
Artista:	U.S. Govt Source	**License:**	Public domain

[i71] - 005_001_003_image_nachfuehrung_astronomie.jpeg
https://upload.wikimedia.org/wikipedia/commons/e/e5/ICESat_O1-01-Star_Tracker.jpg

Date:	Taken	**por:**	Pline
Artista:	NASA	**License:**	Public domain

[i72] - 005_001_003_image_strichspur.jpeg
https://upload.wikimedia.org/wikipedia/commons/f/f2/International_Space_Station_star_trails_-_JSC2012E039800.jpg

Date:	2012-04-05	**por:**	Spideog
Artista:	NASA/Don Pettit	**License:**	Public domain

[i73] - 005_003_002_image_kosmologie.jpeg
https://upload.wikimedia.org/wikipedia/commons/2/2d/WMAP_2010.png

Date:	2010-07-14	**por:**	LobStoR
Artista:	NASA	**License:**	Public domain

[i74] - 005_003_003_image_hyperwuerfel.jpeg
https://upload.wikimedia.org/wikipedia/commons/7/78/5_Dimensional_Hypercube_With_Hidden_Lines.jpg

Date:	2024-03-22	**por:**	Tigerfarm1
License:	CC0		

[i75] - 005_003_003_image_polytop.jpeg
https://upload.wikimedia.org/wikipedia/commons/5/55/Hemitesseract-graph.png

Date:	2024-07-25	**por:**	Tomruen
License:	CC0		

FSC
www.fsc.org
MIX
Papier | Fördert
gute Waldnutzung
FSC® C083411

Kolibri 360 GmbH
Ferdinand-Jühlke-Straße 7
99095 Erfurt, Deutschland
produktsicherheit@kolibri360.de